U0003119

咖啡字典 A-Z

冠軍咖啡師寫給品飲者的 250 個關鍵字

THE

COFFEE

DICTIONARY

MAXWELL COLONNA-DASHWOOD

著

麥斯威爾·科隆納－戴許伍德
MAXWELL COLONNA-DASHWOOD

譯

盧嘉琦
（國際咖啡評審·SIMPLE KAFFA 共同創辦人）

For Lesley

Contents 目錄

6   前言 Introduction

13   A–Z

248   索引 Index

254   謝辭 Acknowledgements

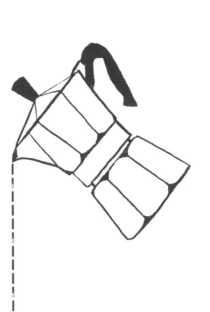

Introduction 前言

要愛上咖啡好像有兩種方式。一是你很早就開始喝咖啡，久而久之便和咖啡產生一種關係，越來越專注於它的沖煮和文化潛力；或是你本來對咖啡幾乎完全沒興趣，然後忽然遇到一杯改變一切的咖啡，你頓悟了，興奮之中帶著些許懷疑和困惑，於是走上不歸路。

我是後者，以前我對咖啡幾乎沒有興趣，我畫肖像畫，作畫是我第一份正式職業。和許多藝術家一樣，我也在服務業打工，久而久之發現自己對服務業充滿熱忱。遇到我太太後我們一起旅行，在印度待了半年，接著我們帶著工作簽證在澳洲墨爾本落腳。

那時我們並不知道墨爾本這個城市的咖啡館風情是如此有活力，而且當地咖啡文化也令人驚艷。我在市區的一間咖啡館找到工作，很快地我便和許多常客聊起咖啡，但其實我有點迷惘，即便拉

花看起來確實是有趣的挑戰，我當時並不認為沖煮咖啡是件複雜的事情。其中一位常客看出我的不解，於是建議我到一間叫做「Brother Baba Bhudan」的小咖啡館去看看。我趁午休時晃了過去，一位腿上攀爬著咖啡樹刺青的女士問我想不想試試單品咖啡，她說豆子來自肯亞，有著草莓和香草的調性。老實說我很懷疑，我不懂來自肯亞的豆子代表什麼？（為何它與其他咖啡不同？）那些風味調性我想我是喝不出來的。

然後我走出店外，站在人行道上嚐了那杯濃縮咖啡。就在那一刻，我頓悟了。我簡直不敢相信這小小杯的飲料竟能如此神奇，它馬上改變了我對咖啡的看法，以及領悟咖啡的潛力。我不僅「喝出」那些風味調性，那根本是我嚐過最驚人的味道之一。說喜歡還遠遠不足以形容，當下腦子一片混亂，我怎麼會現在才發現咖啡能夠展現這般風味？而且不只我，我太太也滿溢著興奮，我們立刻知道我們想要做咖啡。隔天我便換了工作，開始無止盡地去追尋、了解咖啡。我們在墨爾本的時間都花在拜訪烘焙廠和咖啡館、和冠軍咖啡

師們一起上課，直到返回英國。

回到英國後我們成立了一間活動公司，搬到一個新的小鎮開了間店，一頭栽進具有競爭力的咖啡世界，與科學家和義式咖啡機廠商協力合作，並且持續地學習、探索咖啡。咖啡的確能帶領你走進另一個世界。

對我來說，咖啡迷人、具吸引力，而且值得投資，這是無庸置疑的。咖啡對不同的人而言有著各種不同的意義，這杯美妙的飲品充滿著風味、神秘感、歷史，和數不清的故事。能透過這本字典和你一起探索、發覺咖啡，我感到無比興奮。

——麥斯威爾・科隆納–戴許伍德

同步參閱
P176「磷酸」

Acidity 酸質 | 品嚐

你可能聽過像「明亮」這種正面的詞,或是像「臭酸」這種負面的酸質形容。一杯好咖啡不能沒有酸質,但酸質卻又是一個很廣義的用語。在品嚐的時候,酸質有好有壞;但是有些站在科學角度稱為「酸」的化合物,我們卻又不會說它們嚐起來是「酸的」。雖然咖啡裡的酸質嚐起來很多樣,但它的酸鹼值大約是5,和酸鹼值2的紅酒相比,只是微酸的飲品。種植在較高海拔的咖啡,酸質通常比較完整、複雜、正向,缺乏這種酸質的咖啡會被形容成平淡無趣。明亮感能提升口腔對咖啡的感受,賦予咖啡完整性,許多你喝到的甜感,也可能是由酸質衍生而來,或因酸質而提升的。

同步參閱
P36「沖煮比例」
P206「濃度」

Aeropress™ 愛樂壓 | 沖煮

愛樂壓的名稱來自一款叫做「愛樂比」(Aerobie™)的高科技飛盤,兩者的發明人是同一人——艾倫·阿德勒(Alan Adler)。艾倫是美國一位自學發明家,愛樂比創下多起最遠投擲

物的世界紀錄，而愛樂壓則是為了完美沖煮一杯咖啡而設計。將咖啡粉和水放進一個像是針筒的容器裡，使用者手動加壓，讓咖啡穿過一個多孔的蓋子，蓋子上則放有特定形狀的濾紙（也有人用金屬濾網）。使用愛樂壓能夠很輕易地調整沖煮出來的咖啡風味，你可以將粉磨細以煮得濃一點，手動加壓萃取出來的程度，是單靠重力給水的過濾方式無法做到的；你也可以沖淡一點、高雅一點。在撰文的此時，剛好正值世界愛樂壓大賽（World Aeropress Championship），而且還吸引了51國好手參賽呢！

Agitate 攪拌 | 沖煮

同步參閱
P86「萃取」
P101「法式濾壓壺」

攪拌基本上就是在沖煮時擾動水和咖啡粉進行混合，攪拌過程中藉由混合，可以讓水更容易通過咖啡，以提高萃取。在任何沖煮方式中，比方說法式濾壓壺，如果咖啡粉會靜止下來並停止和水進行混合，那麼攪拌就非常重要。攪拌的方式很多種，你可以使用攪拌棒，或是熟練地將咖啡粉和水搖晃均勻。

Agronomy 咖啡農學 | 種植

同步參閱
P214「風土」

本字源於希臘文中的「田野法則」，指種植作物、管理土地之科學和研究。了解農學可以改變一座莊園的命運，有些莊園會指派農學專家駐地，也有莊園則會定期聘請獨立農學專家提供實

作上的建議，一樣有幫助。了解咖啡農學有益於
管理及維護咖啡種植規劃。陽光、氣候和土壤的
細微變化都會對咖啡樹的成長產生很大的影響，
進而改變長出的果實品質，因此現在很多咖啡莊
園會將土地劃分成數個小區塊獨立種植。當然生
產者控制不了天氣狀況和氣候，但是他們可以藉
由改進灌溉方式或是改變採收次數作為補救措
施，以適應這些無法掌握的變化。

同步參閱
P145「梅納反應」

Agtron scale
艾格壯數值（又稱焦糖化數值）| 烘焙

你可能聽過人家討論烘焙的顏色，討論顏色時我
們講的其實是深與淺，而非一般認知的色彩——橘
色或紫色的烘焙是不存在的！艾格壯數值是判定
咖啡烘焙深淺的指標，量測艾格壯數值的儀器價
格十分昂貴。簡單來說，儀器是用來測量有多少
光從烘焙好的豆子上反射回來——深焙豆會吸收較
多的光，產生較低的讀取數值；淺焙豆的讀取數
值則較高。這就如同白色T恤會反射光線，而黑色
T恤則會吸收光線。許多用語都要歸功於艾格壯
數值，像是「輕城市烘焙」（Light city roast）或
「法式烘焙」（French roast）。不過顏色只是測
量烘焙的一種工具，咖啡可以透過很多不同的烘
焙方式去達到一樣的顏色數值。

同步參閱
P18「阿拉比卡」
P202「種」
P214「風土」

Altitude 海拔 | 產地

就一般通則來講，海拔越高越好。但是，這個「但是」很重要——通則並非鐵則。事實上，咖啡的每一個環節其實都沒有看起來的那麼簡單。評價較高的阿拉比卡種通常種植在高於海拔1000公尺（3300英呎），甚至一路到2500公尺（8200英呎）以上。而較少人喜愛的羅布斯塔種，則種植在平地到海拔1000公尺（3300英呎）之間。海拔越高氣候越冷，咖啡櫻桃便需要較長時間成熟，因此孕育出較佳的風味。只是咖啡樹也不喜歡太冷，這也是為什麼咖啡豆多半種植在熱帶地區。

一杯咖啡的品質與許多其他原因有關，像是土壤、氣候和處理法。的確，世界上數一數二的咖啡都種植在海拔1000公尺（3300英呎）以上，不過最受歡迎、得獎最多的咖啡卻不一定種植在極高海拔，這也是事實。有時候低海拔加上較寒冷的微型氣候（Micro climate），也能生產出與較高海拔品質相近的咖啡。

同步參閱
P64「卓越杯」
P83「歐基尼奧伊德斯種」
P202「種」
P214「風土」

Arabica 阿拉比卡 | 種

包裝上標示以「百分之百阿拉比卡」為賣點的咖啡隨處可見，可謂是品質的象徵。阿拉比卡種是世上最為廣泛種植的咖啡種（羅布斯塔種則是另一廣泛種植的種，以及一些在各地出現的其他種，像是賴比瑞卡種），世上所有高等級咖啡——也就是我們會將之歸類在「精品」的咖啡，都是

阿拉比卡種或是和它非常相近的品種。這就是它會被放在包裝上當成賣點的原因。但是阿拉比卡種本身並非品質保證，而且其中有非常多阿拉比卡種都屬於商業等級，而非精品等級。因此，雖然精品市場使用阿拉比卡種咖啡豆，精品咖啡業者更常在包裝上強調的卻是阿拉比卡種下的特定品種。

阿拉比卡種可追溯自衣索比亞高地，那裡的阿拉比卡品種（亞種）仍具有最多基因多樣性。阿拉比卡種之下不同的品種結合其他風土因素，會創造出獨特多變的風味調性，所以這個種的風味範圍十分驚人。參閱「歐基尼奧伊德斯種」的解釋，就會知道阿拉比卡有羅布斯塔的血統，而且經常發現兩者之間的混種。像是羅布斯塔與阿拉比卡的混種卡帝姆（Catimor）便能產出品質不錯的咖啡。宏都拉斯種植非常多的倫皮拉（Lempira），則是卡帝姆的亞種，我最近購買了這個品種的卓越杯批次，有著複雜的酸質與熱帶水果調性，非常出色。

同步參閱
P24「豆子到杯子」
P79「濃縮咖啡」

Barista 咖啡師 | 沖煮；濃縮咖啡

咖啡師一詞從義大利文直譯而來，意思是「吧台手」，不過由於義大利對全球咖啡文化的影響甚大，這個詞現已專指沖煮咖啡的專家。進幾十年來，從很多地方可以觀察到全球越來越認可並尊重咖啡師的角色，像是咖啡師賽事、咖啡師品牌的產品上架，以及咖啡廳和餐廳裡的咖啡師更加專業且變得不可或缺。雖然最專業的技術仍得從實際站吧習得，現在也出現越來越多咖啡師相關課程和認證。過去咖啡師的角色就是準備、呈送飲料而已，但是當咖啡變得複雜，消費者越來越有興趣且更挑剔，如今咖啡師的角色甚至好比侍酒師。隨著咖啡沖煮自動化的進展，咖啡師想必有一天也能達到如侍酒師一般的角色。

同步參閱
P63「咖啡油脂」

Basket 濾杯 | 沖煮

濃縮咖啡的定義並非描述特定容量、外觀或是黏稠度，而是關乎濃度——即濃縮過後的咖啡。或者也可以這麼說：濃縮咖啡必須在壓力下萃取，並且會產生咖啡油脂。濃縮咖啡的容量依使用的

濾杯大小而不同,沖煮頭的把手(義式咖啡機沖煮每一份咖啡時鎖上跟拿下的部位)可以承裝不同大小的濾杯,萃取雙份濃縮時通常使用14克～22克的濾杯。每一款濾杯都適用於特定的咖啡粉量,因為濾杯要保留足夠的空間才能讓水在通過咖啡粉餅前先集中,而濾杯底部的小洞則會產生適當的阻力(咖啡粉越多阻力越強,反之亦然)。因此,依照濾杯大小以一克為單位調整,進而使用正確的粉量,是沖煮義式濃縮咖啡時至關重要的步驟。

Bean to cup 豆子到杯子 | 沖煮

沖煮咖啡從全自動到全手動都有,通常品質較高的咖啡容易讓人聯想到以手動沖煮,不過這種既定觀念也時常受到質疑。通常自動化機器的目標是操作簡單,無法針對不同的咖啡做調整,所以有可能會犧牲咖啡的品質。然而,咖啡的沖煮過程充滿變數,科技的進步卻也可以幫助我們更精準地針對變數去調校。全自動咖啡機的精密性和品質好壞差異很大,而當今市面上頂尖的機器已足以讓你沖煮出卓越的咖啡。所有自動化咖啡機的重點都在於,機器本身還是需要經由人來設定或操作,因此使用者還是必須了解在沖煮不同類型咖啡時如何進行微調、操控機器。

同步參閱
P44「膠囊」

Bicarbonate 碳酸氫鈉

參閱P38「緩衝」。

Blending 配方調配 | 烘焙

同步參閱
P166「產地」
P228「品種」

配方咖啡十分普遍,「試試我們的大師級私房配方／家常綜合⋯⋯」每個喝咖啡的人想必都遇過這樣的開場白。烘豆師調製配方有很多原因,像是為了讓不同風味特性一起呈現;或是為了省錢,用一支咖啡或多支咖啡去掩飾問題。另一方面,為了避免咖啡的供應因季節產生變數,烘豆師可以藉由調整配方,提供更加穩定的產品。但「配方」一詞的問題在於:它的實際意義不大。因為釀葡萄酒時,這個詞表示混合了不同的葡萄,通常來自同一個葡萄園或是村莊;但是在咖啡裡,通常是指混合來自不同國家的幾種咖啡豆,而配方當中的每一支咖啡很可能本身就已混合了不同種咖啡樹的豆子。現在有些咖啡商會避免使用配方豆,以突顯單一產區的咖啡特性,將重點放在咖啡的故事和產區。不過,「單一產區」這個詞嚴格說來只表示來自單一國家的咖啡,也就是說,你可能會拿到來自巴西的咖啡豆,裡面則綜合了橫跨許多地區的不同莊園,但是販售的時候它並不會自稱是配方或綜合豆,而會以單一產區販售。想像一個佔地廣泛的大莊園,一支來自單一莊園的咖啡豆,本質上其實是

由許多種植區塊綜合而成。若用比較精確的字詞來描述，就如「單一品種批次」、「微批次」，甚至是「奈米／超微批次」。

在精品咖啡的領域裡，配方豆越來越不流行了，可能是因為一次綜合不同的豆子烘焙之後，要均勻萃取較為困難。於是後來有人想到「先烘再配」，烘豆師會將不同的豆子分開烘焙，找出適合每一支豆子的烘焙曲線，再將熟豆混合。關於配方咖啡，絕對有正反兩方的意見；至於為何要調配配方，也有著不同的動機。配方豆仍然是行銷與販售咖啡相當有效的方式，店家可以賦予其獨一無二的價值，同時讓消費者產生共鳴。

同步參閱
P227「*V60*濾杯」

Bloom 悶蒸 | 沖煮

悶蒸是指水碰到咖啡粉時，造成粉內二氧化碳急速排放的現象。也就是使用法式濾壓壺沖煮時，將咖啡粉往下壓之前頂部類似一層浮渣的泡沫。當我們在為某位客人沖煮濾泡式咖啡時，會特別使用「悶蒸」這個詞，而不會說成「浮渣」。通常在沖煮的過程中，悶蒸會特別被拉出來說明，沖煮參數裡也會特別提到一開始應該注入多少水來悶蒸咖啡，接著等待一小段時間再繼續注水。有一說是藉由排放二氧化碳，更能將咖啡裡的風味萃取出來，也能排除過多二氧化碳造成的潛在負面風味，這點似乎頗有道理。不過還有人認為悶蒸會將香氣物質釋放出來進而影響風味，而藉

由調整咖啡產生氣泡到消失的時間長短,便可以改變悶蒸。對於在沖煮咖啡時調整「悶蒸」狀態會造成什麼確切的影響,我個人是半信半疑的。我反而將之視為咖啡烘焙新鮮度的指標,而非用來判定沖煮出來的咖啡品質。

Blossom 咖啡花 | 種植

咖啡樹會開花,而且自花授粉,不需昆蟲傳粉就能結果。多數咖啡生產國有確切的產季,在雨季過後就會開花。潔白的咖啡花既美麗又有迷人的香氣,很多人形容這股香氣與茉莉花相似。開花之後就會結果,果實成熟期長達九個月,之後便能採收成熟的果實進行處理,將果實裡珍貴的咖啡取出。咖啡花香經常用於形容某些咖啡的風味調性,這個香氣也收錄於「咖啡36味聞香瓶」裡。然而,這股迷人的香氣其實讓人感到陌生,因為許多咖啡消費國幾乎沒有能夠接觸到咖啡花的管道。

同步參閱
P140「咖啡36味聞香瓶」

Body 醇厚度 | 品嚐

在品嚐的所有技能中,醇厚度是稍微難以描述的一個用詞,不過我認為可以將口感一起考慮進來。基本上,描述醇厚度就是去形容咖啡在你的嘴裡多有份量。咖啡的醇厚度通常會從輕盈形容到厚重,但有趣的是,輕盈的醇厚度卻可能同時帶有黏稠的口感;或是厚重的醇厚度卻帶有果汁

同步參閱
P13「酸質」
P97「風味調性」
P114「味覺」

感。剛開始練習品嚐會蠻困難的，因為同一時間有很多複雜的風味跑出來，所以先聚焦在咖啡某個主要特性，像是醇厚度和口感，就可以簡單地開始進行咖啡評估與討論。醇厚度和口感在某個程度上較為客觀，所以討論起來較能產生共鳴；香氣則是極度複雜，你很難精確地指出嚐到的到底是柳橙還是柑橘。

同步參閱
P228「品種」
P239「世界盃咖啡大師賽」

Bolivia 玻利維亞 | 產地

由於海拔極高，有一些世界最高海拔種植的咖啡就是來自玻利維亞。該國有著極佳的咖啡種植條件，但是產量卻很小，而且越來越少。多山的地形使得生產、運輸都有難度，唯有生產可可才能帶來較穩定的收入。我在2012年第一次參加世界盃咖啡大師賽時，便是使用玻利維亞的豆子，就像這個國家最棒的咖啡一樣，我的豆子非常甜、乾淨，品種是卡杜拉（Caturra），這款具複雜度、成熟度的豆子是來自洛艾薩地區（Loayza）的瓦倫丁莊園（Finca Valentin），現在仍是我最喜愛的一款義式濃縮咖啡。

同步參閱
P224「美國」

Boston Tea Party
波士頓茶葉事件 | 歷史

1773年，當時受英國殖民的北美民眾對於一項稅制發出反抗聲浪，這項由英國國會而非當地遴選代表決議的「茶葉法案」（Tea Act）通過之後，

北美殖民地的茶葉進口便成了接下來的爭論關鍵點，並在最終造成了「波士頓茶葉事件」。該年12月16日，東印度公司載有茶葉的船隻要卸載船上的茶葉時遭拒，當晚有30～130人（記載人數不同）登船並將茶葉貨櫃從船上丟下海，以示反抗。該事件對於後來的美國革命（1765～1783）有著極為重要的影響。在那之後，喝茶被視為不愛國，而咖啡便成了熱飲的選擇。美國好幾年來都是世界上最大的咖啡進口國，咖啡與該國文化有著根本的連結。

同步參閱
P214「風土」

Bourbon 波旁 | 品種

這個名稱源自法國著名的王朝，因此雖然與美國威士忌同名，兩者卻沒有任何關係。波旁種一開始種植在留尼旺島（Réunion），該島舊名為以法國皇室命名的波旁島。在精品咖啡的世界裡，波旁種以其獨特又具有甜感的特性聞名，並在全球廣泛地種植，足以用來比較其他因素對咖啡風味帶來的影響。世界各地種植的波旁種咖啡風味輪廓的範圍很廣，多年來也衍生出許多亞種與變種，特別如紅波旁、黃波旁、橘波旁。同時品嚐盧安達的波旁與薩爾瓦多的波旁，便是非常有趣的比較。

同步參閱
P180「生產」

Brazil 巴西 | 產地

多年來，巴西種植、採收的咖啡比世界上任何國家都要多。該國產出的豆子品質高低皆有，有阿

拉比卡種和羅布斯塔種，大部分種植在較低海拔地區。巴西豆以圓潤的巧克力和堅果風味聞名，帶有較低的酸質。不過也有種植在較高海拔、帶有較多酸質的咖啡豆，只是產量較少。巴西在咖啡的種植、採收以及處理上採用全球最先進的科技，尤其在地形較平坦、低海拔的咖啡園裡會使用咖啡採收機。咖啡樹像葡萄園裡的葡萄樹般成列地種植著，採收機將樹上的咖啡櫻桃敲擊下來，未熟、過熟的櫻桃都混合在一起，因此需要能夠進行多重分類的機器，將不同品質的咖啡櫻桃分開。我在參觀喜拉多地區（Cerrado）的達特拉莊園（Daterra）時受到很好的接待，同時對於他們的技術和使用該技術去改進分類和處理品質的能力，感到驚為天人。莊園主們有一套特製的分類系統，利用壓力和LED分類器將櫻桃依照成熟度分類，每秒可以掃描上千顆豆子。順帶一提，巴西國內消費咖啡的數量也持續增加中。

Brew ratio 沖煮比例 | 沖煮

同步參閱
P72「粉量」
P245「萃取量」

沖煮比例指的是咖啡和水的比例，是沖煮參數的一部分。就許多方面而言，單純解釋使用的咖啡粉量和萃取量（最後飲料成品）相對簡單。同樣地，在溝通和考量飲品的基底時，沖煮比例非常實用，例如「沖煮比例50%」或「沖煮比例1：2」皆表示飲料的重量是使用粉量的兩倍。也就是說，沖煮濃縮咖啡時使用15克或22克的粉量，然後分別萃取出30克或44克，兩者沖煮比例皆相

同步參閱
P189「濃度計／折射計」
P193「成熟」

同。後者因為一開始用的粉量較多而較大杯，但是兩杯咖啡的風味走向仍是一樣的。

Brix 糖度 | 種植

「甜度1度」表示每100克水溶液中有1克的糖，而糖度計則是測量液體有多少糖的儀器。生產葡萄酒時會以糖度值評估葡萄裡的含糖量，除此之外也運用在許多蔬果上，但這又和咖啡有什麼關係？重視品質的咖啡農四處找尋方法要評估並改進品質，從而基於含糖量以評估咖啡櫻桃的成熟度，糖度值便逐漸流行起來。

測量甜度的糖度計與用來量測咖啡濃度的儀器十分類似，兩者之間唯一的差異僅在於解讀數據的方式不同。

同步參閱
P13「酸質」
P236「水」

Buffer 緩衝 | 水

「水」有很多值得討論的主題，至於特別提出「緩衝」一詞，是因為我認為它對風味的影響最大。緩衝是一個科學程序，因此並不容易理解，而且在水化學中有蠻多與緩衝相關的名詞，而且它也可以用來指水的「鹼度」或「碳酸含量」。多數瓶裝水上都有標示，其功用在於幫助維持穩定的酸鹼值。緩衝系統對地球上的生物而言不可或缺，例如人體的血流與維持穩定酸鹼值所仰賴的系統便十分相似。

咖啡是酸性飲料，比起用來沖煮的水，咖啡的酸

鹼值較低。有較高緩衝能力的水會降低咖啡的酸度，而我們重視咖啡酸質的時候，這就會是個問題。若想實際體會緩衝的作用，只要拿一點點小蘇打粉（即碳酸氫鈉）加進咖啡裡，品嚐後就會發現咖啡的酸度全都不見了，造成咖啡喝起來平淡無奇而且帶苦味。

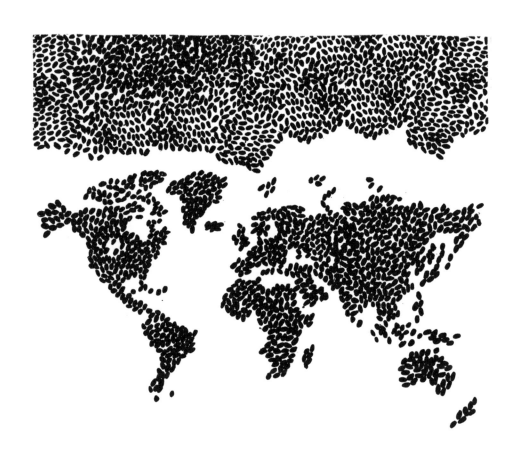

41

同步參閱
P89「公平交易」

C market 咖啡期貨 | 交易

咖啡期貨市場是一個以美元交易的全球商品市場。期貨市場是一種契約，為了特定商品能在未來販售，並且日復一日、年復一年地約束某個全球重要商品的商品價格。期貨市場對咖啡產業中許多人的生計有很大影響，尤其是咖啡農。巴西的一場霜害可能會拉高市場價格，因為擔心世界上最大的咖啡生產國產量下降。而這樣的擔心會造成全球震盪。咖啡就跟所有的商品市場一樣，有起有落，行情在顛峰的時候一切安好，而當行情跌至谷底時，對很多農民來說種植咖啡變得毫無價值。精品咖啡由於要加上伴隨品質而生的溢價，價格多半遠超過咖啡期貨價格。

Cafetière 法式咖啡壺

參閱P101「法式濾壓壺」。

Caffeine 咖啡因 | 興奮劑

葡萄酒是含有酒精且複雜的飲品。咖啡也一樣，

差別在於咖啡令人成癮的物質是咖啡因。的確，如果沒有咖啡因這樣的興奮劑，咖啡可能不會像現在一樣成為全球性飲料。咖啡因在咖啡樹裡扮演的角色和它在其他許多物種裡一樣——殺蟲劑，提供植物一種天然的防禦機制。

一杯咖啡的咖啡因含量可以相差非常懸殊，這與產地和品種有著極大的關聯，阿拉比卡種的咖啡因含量通常比羅布斯塔種少一半，而種植在較高海拔的咖啡防禦需求較低，通常咖啡因含量也較低。有些阿拉比卡種天生的咖啡因含量就比較低，所以被視為去除咖啡因的解決方法，但是咖啡樹也可能變種，在不同的環境下種植時反而產生更高的咖啡因含量。對一般在咖啡店裡購買咖啡飲品的人來說，咖啡因令人感到有些困惑，因為如果不知道製作飲品時使用了多少咖啡，就很難去預測飲料裡的咖啡因含量。杯子的大小可能會誤導顧客——一杯用較多咖啡粉沖煮出來的咖啡，即使裝在小杯子裡，咖啡因含量就比用較少咖啡粉沖煮的大杯咖啡來得高。濃度也會造成誤導——義式濃縮咖啡喝起來很濃，但是實際上咖啡因含量可能還沒有一大杯濾泡式咖啡來得多。

同步參閱
P94「白咖啡」
P206「蒸奶」
P206「濃度」

Cappuccino 卡布奇諾 | 飲品種類

卡布奇諾是一款經典飲品，但是究竟該如何定義它？一張咖啡單裡面幾乎所有咖啡品項都有爭議，而一杯卡布奇諾的比例到底該如何調配？多少濃縮咖啡加上多少牛奶？多少奶泡？奶泡質地

又該如何拿捏？它和其他咖啡飲品的差別在哪裡？卡布奇諾嚴格的定義已不可考，且大概是最任由人們各自表述的飲品了。你可以說卡布奇諾比拿鐵濃（咖啡的比例較高），有一定的奶泡量，不過很多連鎖咖啡店的卡布奇諾只是一杯上面灑了一些巧克力碎屑的拿鐵。由此可見，定義卡布奇諾十分困難，甚至有人說一杯完美的卡布奇諾是最難駕馭的牛奶飲品——這麼綿密的奶泡幾乎不可能打出來。有人跟我說，一杯完美的卡布奇諾奶泡是不會分離的，但我覺得那是神話，因為上層的奶泡一定會分層，除非你馬上把它喝掉。話雖如此，我有好一段時間仍很努力地想做出那樣傳說中的卡布奇諾。有關卡布奇諾的起源，坊間流傳的解釋並非事實，它和僧侶的髮型並沒有關係，而是源自於維也納卡布欽派（Capucin）僧侶所穿的咖啡色長袍，顏色濃淡就像是咖啡加上牛奶。

同步參閱
P24「豆子到杯子」

Capsules 膠囊 | 沖煮

1972年「雀巢」（Nestlé）發明膠囊技術，以「奈斯派索」（Nespresso）為名發行。此後其他公司也發展出不同的系統，同樣非常成功。膠囊咖啡的飲用量也持續在成長。膠囊咖啡機最大優點在於可以控制、監看咖啡沖煮的過程。膠囊裡面就只是咖啡粉而已，但是搭配上鋁製或是塑膠製的膠囊以及惰性氣體充填，咖啡的新鮮度得以維持一段非常長的時間。直到不久前精品咖啡市

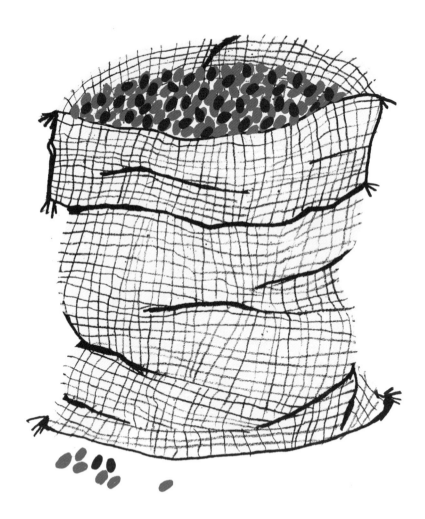

場對膠囊還興趣缺缺,因為一直以來膠囊都被視為毫無技藝,僅只於沖煮商業風味咖啡的機器。不過由於這項技術事實上有潛力成為很棒的沖煮系統,所以隨著Nespresso專利在2012年到期,精品咖啡烘焙業者和公司便開始進入膠囊市場。

同步參閱
P90「發酵」
P120「蜜處理法」
P156「日曬處理法」
P214「風土」
P239「世界盃咖啡大師賽」

Carbonic maceration

二氧化碳浸漬法 | 種植;處理

二氧化碳浸漬法在紅酒的世界有嚴謹的定義,而咖啡社群則是到2015年的世界盃咖啡大師賽才認識這個做法。塞爾維亞裔澳洲籍的沙沙·賽斯提克(Saša Šestić)以該製程處理的咖啡,贏得當年冠軍。事實上,咖啡和紅酒之間有很多交集——兩者都是複雜、風味豐富的飲品,且皆由單一原料製造,以及風土對風味的影響極大。

在紅酒領域使用二氧化碳浸漬法將二氧化碳導入,讓葡萄在表皮不破裂的情況下發酵,所以每一顆葡萄都有各自的發酵過程。而在處理咖啡時,我們亦很常使用發酵,只不過發酵的對象是果實裡面的種子而非果實本身。賽斯提克和他的合作對象,哥倫比亞咖啡農卡密里歐·馬力尚德(Camilio Marisande),將這個製程實驗在咖啡上,使得咖啡有更多香氣複雜度,同時降低嚐起來尖銳的醋酸濃度。另外,他們也將此製程的咖啡放置在低溫環境中,以避免產生酒精。咖啡處理法的探索從未如此廣泛又鉅細靡遺,而且潛

力無限，即使我們多半使用像是「水洗」或「日曬」等處理法去分類咖啡，更細節如櫻桃溫度、水質等，都會對最後的風味形成影響。如果有機會，你可以試試產自同一莊園，但使用兩種不同處理法的咖啡，屆時一定會獲得一些啟發，因為兩者之間的差別可能很細微，但絕對令你訝異。

Cartridge filter 濾芯 | 水過濾

同步參閱
P38「緩衝」
P190「逆滲透」

更精確的名稱應為離子交換濾芯，是咖啡館裡常見的設備，裝置在吧台下方。一般人家中的濾水壺也採用了幾乎相同的技術，像是「Brita」。利用化學的聰明原理，濾芯使用樹脂材質，將進入濾芯的水離子和樹脂離子進行交換（因此稱為離子交換濾芯），製造出不同的溶液。樹脂可以有不同的配置，重點在於要知道水的組成物進入濾芯，便代表了會被交換出來的物質，所以同樣的系統並不會製造出特定某一種水，過濾後的水的組成物，會因為使用的原水而有所不同。話雖如此，你仍可以預測濾芯對不同的水會有什麼影響，且通常可以透過調整濾芯去配合需求。總之，這些系統永遠都是設計來降低緩衝值的。

Cascara 咖啡果皮 | 咖啡副產品

同步參閱
P239「世界盃咖啡大師賽」

咖啡果皮指的是將咖啡豆取出後乾燥的咖啡櫻桃，名稱源自西班牙文，直譯為「外皮」。咖啡果皮雖然是咖啡的副產品，但是鮮為人知，也不常拿來使用。不過在玻利維亞，將稍微烘烤過的

咖啡果皮做成「咖啡果皮茶」卻很常見，人們戲稱為「窮人的咖啡」。近來，許多人開始對咖啡果皮感興趣，在世界盃咖啡大師賽中，好幾項成功的創意飲品都使用了咖啡果皮——在咖啡中加入孕育它的咖啡櫻桃，絕對是佳話一則。如今咖啡果皮用途很多，更出現許多瓶裝的咖啡果皮飲品。我最喜歡用冷泡的咖啡果皮混合伯爵茶，在喝濃縮咖啡前作為清洗味蕾之用，我第一次是在倫敦的咖啡館「Kaffeine」喝到的。咖啡果皮的風味特色，隨著咖啡本身的出處而非常多變，最主要的風味輪廓則是呈現它自身調性，即乾燥水果，通常有著葡萄乾、雪莉酒、草本調性。

Castillo 卡斯提優 | 品種

同步參閱
P135「肯亞」
P202「種」

從許多方面看來，無論是咖啡的品種、栽培品種或是發展，卡斯提優都是非常好的例子。現今世上繁衍的許多咖啡品種，某種程度上都受到人為影響，不過終極目標就是要創造出既多產又抗病的栽培品種，同時具有更好的風味品質。然而，這並非易事。因為要求風味品質通常會減少收成，而抗病性的株系需使用羅布斯塔母株，又會降低風味品質。不過還是有例外——已經成名的「SL品種」，也就是當初在英國皇室的命令下，以達成較高收成量為目標栽培而成的品種，卻讓農民們偶然發現到其驚人的風味品質。

在美洲，如何降低作物的病害是最棘手的問題，而哥倫比亞針對這個問題，在開拓栽培品種方面

做得相當成功。卡斯提優品種就像許多栽培品種一樣讓人懷有偏見，預期它的風味品質會被犧牲掉，認為它一定比不上較低收成量、對疾病較敏感的卡杜拉種（Caturra）。但重點在於，我們很難獨斷地認定某個品種是好咖啡或壞咖啡，比方說，某個品種在肯亞可能表現得非常好，但是在薩爾瓦多卻不盡然。來自「咖啡邊境計畫」（Borderlands Coffee Project）的麥克‧薛瑞丹（Michael Sheridan）在改變人們對於卡斯提優的偏見上起了很大的作用，他讓飲用者盲測卡斯提優和卡杜拉，藉以挑戰人們的喜好。根據薛瑞丹的研究顯示，在和卡杜拉一樣的種植條件下，奢望卡斯提優帶來高風味品質並不公平且不具生產力，關鍵在於找出卡斯提優需要的種植環境。

Channelling 通道效應 | 沖煮

同步參閱
P86「萃取」
P110「佈粉」
P155「無底把手萃取之
　濃縮」
P179「沖煮把手」
P213「填壓」

「通道效應」是指水通過咖啡粉層的一種狀態，這個名詞很常出現在濃縮咖啡的世界裡。沖煮濃縮咖啡時，理想目標是希望水可以均勻穿透整個咖啡粉層，將所有風味萃取出來。當水無法均勻通過，產生一條主要水路或多條水路時，我們就將此稱為通道效應。這會產生很大的問題，因為表示水通過粉層時，會過度萃取出某部分的風味，而其他地方則萃取不足。造成通道的原因很多，像是濾杯裡的咖啡粉分佈不均、填壓有問題、研磨粗細不均，而使用無底把手則有助於分辨是否發生通道效應。

Chemex™ 凱梅克斯 | 沖煮

自1940年代初期發明以來，Chemex™因為兼具美學外型和沖煮能力，已成為一款經典的咖啡濾壺。流行文化裡四處能看到Chemex的蹤影，我個人最喜歡詹姆士・龐德（James Bond）在伊恩・弗萊明（Ian Fleming）的〈第七號情報員續集〉（From Russia with Love, 1957）中，用Chemex沖煮他早上的那杯咖啡。美麗的玻璃和木質造型或許是Chemex最顯眼的特徵，但它所使用的獨特規格濾紙則對沖煮出來的咖啡有著關鍵性的影響。越來越多人開始知道，不同濾泡方式所使用的濾紙會對咖啡帶來很大的影響，甚至可能因此大大決定了我們偏愛的濾泡方式。想知道哪一種濾紙流進杯中的負面風味較少，只需要進行所謂的「濾紙測試」即可，然而濾紙的味道是一回事，濾紙是否能濾出咖啡裡各式各樣的物質，又是另一回事。Chemex的濾紙又密又厚，能沖出我們形容為非常「乾淨」的咖啡，因為沉澱物少，多數的咖啡油脂也被移除，而且在許多濾紙測試中，這種濾紙的表現也都相對較好。

China 中國 | 產地

茶葉的終極大國開始喝起咖啡了，而且令人驚訝的是，中國雲南省現在也種植著為數不少的咖啡。咖啡在1880年代後期引進中國，而咖啡的種植和消費卻直到最近才迎頭趕上。雲南種植的咖

啡不只吸引精品咖啡市場，品質也持續在進步。同時，當地飲用咖啡的習慣正在變化，消費逐年增加，而且對高品質的咖啡體驗越來越感興趣。「上海咖啡與茶展覽會」是全球最大的展會之一，去參觀就能感受到現在中國對精品咖啡充滿著熱情與興奮。

Clean 乾淨度 | 品嚐

同步參閱
P68「瑕疵」
P156「日曬處理法」
P163「爪哇老布朗」
P235「水洗處理法」

形容一杯咖啡「乾淨」的時候，常會有人提問「是骯髒咖啡的相反嗎？」而答案是「沒錯。」咖啡的種植潛藏著許多問題，這些問題可能造成咖啡帶有不理想的風味。許多瑕疵風味喝起來就是「髒髒的」，像是陳年咖啡裡有的木質辛辣調性。而處理良好的咖啡則通常會被形容為喝起來乾淨。日曬處理的咖啡通常容易受到污染，所以少了水洗處理法咖啡的乾淨度。然而，這些形容詞並不全然代表咖啡的處理過程優質與否，比方說，在低海拔且條件較差的環境下產出的少量高品質咖啡品種，即便經過優質的採摘、處理，還是很難沖煮出非常乾淨的風味。

Climate change 氣候變遷 | 種植

同步參閱
P18「海拔」
P18「阿拉比卡」
P140「葉鏽病」
P212「永續性」

氣候變遷對種植咖啡絕對有極大的影響，就跟其他許多作物一樣。種植出色的阿拉比卡咖啡要在海拔1000公尺（3300英尺）以上，那裡有著獨特的氣候和溫度，但是這個甜蜜點變得越來越高，

意味著高品質咖啡的採收面積變得越來越小了。溫度的攀升也表示葉鏽病的傳播越發簡單,將帶來更大的問題。然而,解決之道則包括了發掘能夠在較低海拔生產,兼具優良的風味品質且更能抵抗葉鏽病的品種。值得一提的是,這並不是新消息,一直以來人們都確信這個方法值得一試,只是現在比以前更有動機去實現了。總歸而言,現實就是氣候的變化即意味著咖啡風味的變化,種植優異的咖啡將變得更加艱難。

CO₂ 二氧化碳

參閱P28「悶蒸」和P63「咖啡油脂」。

Coffee futures market
咖啡期貨市場

參閱P41「咖啡期貨」。

Cold brew 冷萃 | 飲品種類

同步參閱
P86「萃取」

冷萃潮流四起,從時尚咖啡館到跨國連鎖品牌都有供應。就像白咖啡一樣,這個相對新穎的飲品型態已經廣泛流行開來。原則很簡單,即用冷水而非熱水去沖煮咖啡。由於水裡的熱會幫助萃取,所以冷萃必須以大幅延長沖煮時間來達到一樣的萃取率,不論是使用慢速滴漏,或是慢速浸泡法。冷萃所需時間以數小時為基準,而非幾分

鐘。但是，時間並不能做到和熱能一樣的程度，萃取出來的風味也相當不同。冷萃咖啡的酸質低很多，在風味軸上偏向巧克力、麥芽調性，收尾則帶有酒類香氣。優點在於讓很多咖啡喝起來變得順口，壞處則是當特色獨具的咖啡使用冷萃方式萃取，會無法展現其特有的酸質和香氣。氮氣冷萃咖啡（Nitro cold brew）也開始以類似啤酒機的龍頭出現，加了氮氣後，冷萃咖啡多了像健力士啤酒般的鮮奶油質地，上面還覆蓋了一層像啤酒一樣的泡沫。

同步參閱
P51「卡斯提優」

Colombia 哥倫比亞 | 產地

哥倫比亞是最具多樣性的咖啡生產國之一，其咖啡風味輪廓極具品質，像是在安堤歐基亞（Antioquia）產區，就能找到具巧克力調性、醇厚度飽滿的咖啡；而在薇拉（Huila）產區（精品咖啡市場寵兒），則能找到成熟、水果調性豐富又充滿果汁感的咖啡，其風味輪廓幾乎可以媲美肯亞咖啡。多種微氣候也代表哥倫比亞幾乎一整年都可以有新鮮的收成，包含主產季和次產季少量的收成。除了是世界上最大的咖啡生產國之一，哥倫比亞還有著高度發展且進步的咖啡基礎設施，像是非營利的哥倫比亞咖啡生產者協會（National Federation of Coffee Growers of Colombia，簡稱Fedecafé），及致力培養更具抗病性的品種如卡斯提優，因而聞名的哥倫比亞國

家咖啡研究中心（Cenicafé），都是很好的例子。

同步參閱
P144「倫敦勞依茲」
P217「第三空間」

Constantinople
君士坦丁堡 | 歷史

據聞史上第一家咖啡館在十六世紀中期的君士坦丁堡（現伊斯坦堡）開業，當時咖啡才剛引進鄂圖曼帝國首都不久。咖啡館文化的形成以及咖啡館能成為公開辯論、做生意、社交的場域，便可以追溯回這座美麗的城市，以及它豐富多彩的文化。從君士坦丁堡開始，咖啡館開始遍及阿拉伯世界、歐洲和整個世界。

同步參閱
P120「蜜處理法」

Costa Rica 哥斯大黎加 | 產地

哥斯大黎加以其咖啡品質聞名已久，最近該國咖啡的可追溯性越來越高，因為獨立咖啡農開始有了自己的處理廠後製自己的批次。許多咖啡農也專注在探索後製處理的可能性，蜜處理的風潮就是起源於這裡。哥斯大黎加有許多種植區域，像是塔拉珠（Tarrazú）就因生產評價很高的咖啡而頗負盛名。該國咖啡的風味輪廓豐富，不過最常喝到的多是輕盈、有甜感、有香氣，偏向花香和莓果調性，以及略帶堅果特色的風味。

同步參閱
P79「濃縮咖啡
P239「世界盃咖啡大師賽」

Crema 咖啡油脂 | 濃縮咖啡

美麗的咖啡油脂——一杯濃縮咖啡上面那一層薄薄的泡沫，所呈現的外觀和品質，長久以來都是濃

縮咖啡品質好壞與否的鑑別條件之一。傳統上，完美的咖啡油脂呈現深色、赭紅、堅果般的顏色，若在上面放一茶匙的糖也要數秒才會下沉。如果你運氣很好，上面還會有「虎斑紋」——咖啡油脂上遍佈著斑點狀的紋路。不過，咖啡油脂其實只是高壓萃取的副產物，也是咖啡中二氧化碳帶來的效果。它並不代表咖啡的品質，只能表示咖啡的新鮮度（咖啡在老化的過程中會流失二氧化碳，所以咖啡油脂也會變少）以及烘焙的程度（烘得越深就會產生較深色的咖啡油脂）。總之，最高分的咖啡不見得會有最高分的咖啡油脂，在世界盃咖啡大師賽中，咖啡油脂分數的比重已漸漸降低，其他許多像是生豆品質、烘焙和萃取等，才更是對咖啡品質有關鍵作用的因素。

同步參閱
P169「巴拿馬」

Cup of Excellence 卓越杯 | 比賽

在卓越杯（COE）比賽裡，生產者的咖啡會依照其品質進行分級、排名。排名在前的批次會在網路上拍賣給來自世界各地出價最高的買家。這個具有極高影響力的賽制是由美國精品咖啡先驅喬治・霍爾（George Howell）及蘇西・史賓德勒（Susie Spindler）創立。卓越杯確實有助於聚焦並獎勵優良品質，讓生產者能接觸到準備好要掏錢買優質咖啡的國際買家們。這個賽制讓人們開始把注意力放在每個國家所能生產的咖啡品質上，像是盧安達咖啡種植的命運便因此有了戲劇

化的改變。然而，並非所有的咖啡生產國都會舉辦卓越杯，也有其他拍賣體系出現，比方說「最佳巴拿馬」（Best of Panama）。

Cupping 杯測 | 品嚐

杯測這個名詞本身就很有趣，同時在進行時還會配上各種音調的啜吸聲，稍嫌擾人地合唱著。杯測是最上游用於咖啡分級和採購的方法，為了得到最具一致性的結果，杯測師（或品嚐師）必須遵照一連串非常特定、實際上卻非常簡易的流程。將咖啡研磨在一個碗裡，嗅聞咖啡粉後用熱水注滿，等四分鐘，然後用一根湯匙攪拌三次進行破渣，過程中嗅聞濕香氣，最後再等六分鐘就可以品嚐了。品嚐咖啡時，杯測師會用他們的杯測匙（與喝湯的湯匙非常類似）伸進碗裡，不擾動碗底的咖啡粉，舀起並啜吸湯匙上的咖啡，在啜吸過程中讓咖啡與空氣混合。杯測師在接下來的十分鐘內每一碗會再多喝兩次，以完成整個杯測過程。這個過程的好處是能確保杯測師一次可以品嚐很多咖啡。很多人會主張杯測是品嚐咖啡至高無上的方式，在萃取濃縮咖啡和濾泡式咖啡時，我們應該突顯在杯測桌上喝到的風味。但我不這麼認為，杯測只是另一種沖泡咖啡的方式，若將它當成主要的評估工具，反而可能會成為阻礙。這是因為杯測時的咖啡並無法充分演繹我們每天實際沖煮和飲用的咖啡。

Decaf 去咖啡因 | 處理

所有的去咖啡因過程，都是在烘焙之前的生豆階段發生。既存方式有很多種，其中兩個最知名的是專利註冊的瑞士水處理（Swiss Water Process，SWP）及二氧化碳法。

瑞士水處理法中，咖啡生豆以熱水浸泡，熱水便成為充滿咖啡因和風味物質的液體，流失咖啡因和風味的咖啡豆會被丟棄，接著重新加進一批新的咖啡生豆。這時，咖啡因會被移除，而因為液體中已經充滿飽和的風味物質，新的一批咖啡豆中大量的風味物質就會保留下來。二氧化碳法則是將每平方英吋一千磅壓力的二氧化碳打入咖啡豆，將裡面的咖啡因逼出後進入水溶液裡。

通常賣不好的過季豆會用來做成低咖啡因豆，所以上架的壽命一開始就比較短。雖然到目前為止要完全不影響風味地去移除咖啡因是不可能的，但是只要能保持新鮮，仔細烘焙，去咖啡因豆還是可以變得比從前來的好喝。

Defects 瑕疵 | 種植；採收

. . . .

不論你是喜歡巧克力調、圓潤的哥倫比亞安堤歐
基亞（Antioquia），還是水果調的哥倫比亞薇拉
（Huila），咖啡風味中許多面向都息息相關，先
不談個人喜好，只要咖啡瑕疵少，我們就可以合
理地假設它們的味道會比較好。

瑕疵多半起因於樹上櫻桃生長階段，或是採收、
處理的時候造成。一般瑕疵的成因包括昆蟲破壞
及真菌生長。大多數的瑕疵可以用受過訓練的眼
力辨識，或是紫外線光和LED分類機器等聰明
科技進行偵測。但是即使是現代科技，仍無法抓
到每一個瑕疵。比方說「馬鈴薯瑕疵」（Potato
defect）在盧安達和蒲隆地咖啡裡都非常普遍，卻
直到準備沖煮咖啡的前一刻都幾乎無法察覺——然
而一旦研磨成粉，就會散發出一陣生馬鈴薯的味
道。馬鈴薯瑕疵的成因頗有爭議，但多半認為與
一種臭蟲有關。

同步參閱
P194「盧安達」
P202「種」

Democratic Republic of Congo 剛果民主共和國 | 產地

. . . .

剛果民主共和國是非洲第二大國，該國東部擁有
生產咖啡的理想條件。基伍湖周邊區域即盧安達
著名的基伍產區（Kivu）。然而，直到最近開
始，我們才比較常看到一些來自剛果的優質咖
啡。這個國家經歷許多政治混亂，直接地影響了

其咖啡貿易。許多的烘焙廠、生豆商和認證機構都在這個國家裡營運，試圖改善該國的生產，並發掘其咖啡生產潛力。最優秀的剛果咖啡非常複雜，充滿柑橘風味，酸質迷人，具有圓潤的巧克力調性。不過此時此刻，該國羅布斯塔種仍遠多於阿拉比卡的產量。

Density table 密度床 | 分類

別稱「奧立佛床」（Oliver table），是一種利用振動來分類咖啡的方式。傾斜的角度使密度較高的豆子會偏上側移動，密度較低的會往下側移動。咖啡豆的品質和其密度之間具有關聯性——密度較低的豆子通常代表發展較不成熟的果實。科技對於改進杯中品質有巨大影響，用手眼挑豆雖可行，但是像密度床這樣的科技可以達到人類做不到的評估，所以具有其價值。

同步參閱
P93「一爆」

Development 發展 | 烘焙

咖啡裡面「發展」這個詞幾乎只會在討論烘焙手法時用到，除了可以指烘焙過程中非常特定的一段時間，也可以是烘焙深淺的整體概念。烘焙咖啡時會發生許多過程及化學反應，如果無法使咖啡發展足夠，喝起來就會出現草味、酸敗且缺乏複雜度；反之，我們也可能烘過頭而發展出不想要的過程。品嚐咖啡時，飲用者可能可以喝出烘焙過程對咖啡的影響，進而提出該咖啡是「發展

不足」或「發展過度」。

「發展時間」特指「一爆」後的總烘焙時間，討論發展時間時，比較聰明的方式是以百分比為基準。不過，說得更精確一點，如果一支咖啡在烘焙前期沒有接收足夠的熱能，那麼即使發展時間很長，它還是可能沒有好好地「發展」。

Dose 粉量 | 沖煮

粉量是個簡單的技術名詞，通常指準備一杯咖啡時使用的咖啡粉量，但是翻成「劑量」時，也能用來形容其他面向——比方說使用的水量。沖煮咖啡時所使用的「沖煮參數」中，便會紀錄粉量以進行討論。咖啡體現了應用物理學與應用化學的運作機制，我們將咖啡溶進水裡，創造成飲品，過程中有幾個部分會組成其沖煮參數，對最後沖煮出來的味道皆會有很大的影響，通常牽一髮動全身。

我常看到客人對咖啡有多著迷，挫折感就有多大，因為他們煮出來的咖啡似乎有著陰晴不定的天性——「我每天做的事情都一樣，但是咖啡喝起來卻不一樣。」咖啡有許多「變數」，而找尋與品質相關的變數一直都是現在精品咖啡的核心。然而現實是，沖煮參數裡一點小小的改變，都會讓咖啡喝起來相當不同，但是只要開始意識到哪些參數會影響到風味，沖煮結果的一致性就會大幅提升，進而幫助我們解開謎題。

同步參閱
P36「沖煮比例」
P86「萃取」

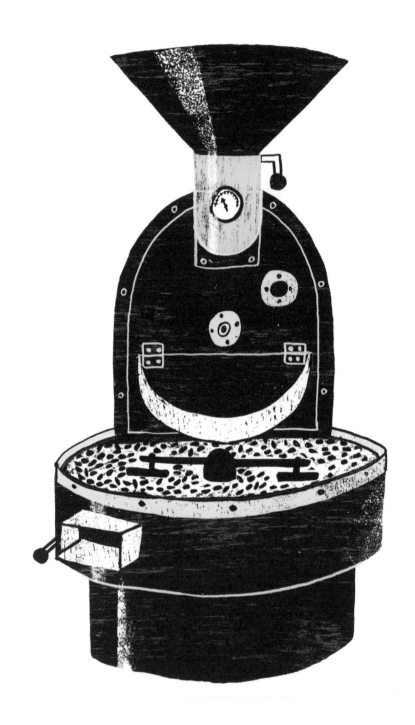

Drum roaster 鼓式烘焙機 | 烘焙

要將咖啡從生豆轉變成風味複雜的棕色咖啡豆仰賴的便是烘焙。最傳統且仍為目前最普遍的烘焙方式，就是使用鼓式烘焙機。市面上有各式各樣的烘焙機，但是它們通常有一個簡單的共同點：一個可旋轉的大型金屬滾筒，從外面受熱，而熱源通常來自下方，就像串燒一樣，同時有空氣流經滾筒，帶走討厭的烘焙煙霧。烘豆師依機種不同，可以調整烘焙時所需的各種部件，像是風速、供熱方式、轉速等。烘好的咖啡豆有數百種香氣分子，烘焙過程中即使僅發生一點小小的變動，都能對咖啡風味產生巨幅的影響。另一種常見的烘焙方式是浮風式熱風烘焙，透過熱風進行烘焙時，咖啡豆會呈懸空的狀態。

Dry aroma 乾香氣 | 品嚐

乾香氣是指咖啡磨好後，注水之前的香氣（一旦注入熱水聞的就是濕香氣〔wet aroma〕）。咖啡在每個階段都會給人獨特的香氣體驗。你可能聽人說過「我喜歡聞咖啡的香味，但是不喜歡喝。」當然，我們無法確定對方是因為已經喝遍多種咖啡，然後覺得所有的咖啡都不好喝，只有聞起來很香；還是因為他們受到聞起來有濃郁的巧克力味，但喝起來盡是索然、土味和金屬味的深烘焙商業咖啡豆影響而產生這樣的想法。無論如何，乾香氣與飲用時的感受有很大的差異。

Dry distillates 乾餾 | 品嚐

咖啡由各式各樣的化合物組成，而我們普遍會將
這些化合物分成風味群組——果酸、香氛、焦糖
化、乾餾。「乾餾」這個詞說來好聽，其實就是
木質味、煙燻味或是燒焦味的風味群組，是高溫
過程下的副產物。有趣的是，這些風味絕大部分
都是重化合物，意即相較於果香和香氛，這些風
味較難從咖啡中萃取出來，這也是為什麼用太熱
的水沖煮咖啡，或浸泡太久、粉研磨得太細時，
這類較重、較刺激的風味便會突顯出來。

Ecuador 厄瓜多 | 產地

同步參閱
P231「越南」

這個國家歸為「充滿潛力」那類,好的厄瓜多豆
可以既複雜又甜,有著受人歡迎的水果調性,中
等醇厚度,令人愉悅、獨特的酸質。這些咖啡變
得越來越有前途,但是仍然非常稀少。從精品咖
啡產業對其的投資,便足以顯示有好咖啡深藏在
這個國家裡,值得探索。然而,該國國內最普遍
的則是即溶咖啡,且基於成本考量,主要都是從
越南進口。厄瓜多的咖啡產量已經穩定成長,多
樣性的微氣候也為好咖啡提供了多樣化的機會。

El Salvador 薩爾瓦多 | 產地

同步參閱
P35「波旁」
P169「帕卡瑪拉」

早在1970年代晚期,薩爾瓦多是全世界第三大
咖啡生產國,對於一個中美洲最小的國家而言,
這可是件大事,咖啡幾乎佔了該國出口收入的一
半。然而,後來因為內戰和土地改革,使得咖啡
產量再也無法達到以前的水準。現在,咖啡只佔
該國出口的3.5%。由於經濟、政治、農業因素,
薩爾瓦多現在更著重於生產精品咖啡,專注在較
高海拔的種植區域以及非常精緻的產品。我到該

國參觀時，即使當時有許多問題影響著該國的產量，農民依然非常熱情，對他們的咖啡滿是興奮，包含嘗試實驗性的處理法，設置不同品種的咖啡園。

薩爾瓦多最有名的或許算是水洗波旁種，具前瞻性的當地生產者也為咖啡世界培養、介紹了獨特的品種，例如帕卡瑪拉種（Pacamara）。這種大顆的豆子是象豆瑪拉戈吉佩種（Maragogype）與帕卡斯種（Pacas）的混種。好的薩爾瓦多咖啡通常有著甜巧克力般的醇厚度以及莓果般的酸質。

Espresso 濃縮咖啡 | 沖煮；飲品種類

同步參閱
P63「咖啡油脂」
P179「壓力」
P206「濃度」

關於濃縮咖啡，該從何講起呢？濃縮咖啡堪稱經典，本質上來說是小小一杯既強烈、且濃度極高的咖啡飲品。在高壓萃取下，表面會產生一層稱為「咖啡油脂」的泡沫。它同時也是現代咖啡館風氣遍佈全球的推手。製作一杯濃縮咖啡需要非常講究，而且很難做得好，正因如此，這也是它浪漫又神秘的原因。

義大利主張他們發明了濃縮咖啡機，而且長久以來對於一杯好的濃縮咖啡有廣泛的定義。然而，古往今來仍有許多針對濃縮咖啡品質特定的嚴格定義，例如咖啡油脂的呈現、25秒才是「正確」的萃取時間、液體「正確」的份量等。不過，近年來上述狹窄的定義已經逐漸放寬，因為想用濃縮咖啡去呈現一支豆子最佳的表現時，規則就該為了配合該咖啡而調整。這絕對是好現象，只不

同步參閱
P214「風土」
P228「品種」

過接下來也會有個問題:如果這杯咖啡「不屬於」濃縮咖啡呢?你可以用濃縮咖啡機萃取出像濾泡式一樣的淡咖啡,而且非常好喝,但是對我來說,濃縮咖啡就是要濃,濃度低於7%時,我認為那就變成別種咖啡了。它可能是好喝的,但並不是濃縮咖啡。

Ethiopia 衣索比亞 | 產地

衣索比亞通常意味咖啡的誕生地。嚴格來說,阿拉比卡真正的來源地是何處頗有爭議,衣索比亞和葉門是兩個熱門說法,不過毋庸置疑的是衣索比亞孕育出了最棒且最多變的阿拉比亞種。衣索比亞高地提供完美的生長環境,阿拉比卡豆得以在此生長茂盛,以至這裡的高地幾乎種植了世界上所有的阿拉比卡種。因此,衣索比亞有潛力能生產出多種特質與風味輪廓的咖啡。

這裡大部分的咖啡並不像美洲典型的農場型態,而採共同種植的方式。許多小農,有時甚至達上百位,會將他們的少量批次集結起來送到中央處理廠。在這樣的背景下,要取得可追溯性自然就比較困難。你可能從衣索比亞一座處理廠買了一支咖啡,然後以為自己接下來也會買到同樣的咖啡。但是,不同批次的豆子在不同的時間進入處理廠,所以每一支咖啡都要看是哪些合作的小農在什麼特定時期所收成。耶加雪非(Yirgacheffe)產區的水洗豆有著濃郁的花香、茶香,以及柑橘般的調性。衣索比亞西部的水洗

豆，花香又更加濃郁、醇厚度更飽滿；與之完全相反地，西達摩（Sidamo）和哈拉（Harar）的日曬豆則可能十分奔放，有著巧克力及滿滿的成熟水果風味。

Eugenioides
歐基尼奧伊德斯種 | 種

同步參閱
P18「阿拉比卡」
P77「薩爾瓦多」
P202「種」
P239「世界盃咖啡大師賽」

相較於阿拉比卡，羅布斯塔也許被視為是較差的商業豆，但是沒有它，我們根本不會有阿拉比卡。羅布斯塔其實是阿拉比卡的母種，而與羅布斯塔混種生產出阿拉比卡的豆種，就是「歐基尼奧伊德斯種」。

過去幾乎沒有人用此來製作咖啡飲品，而且直到最近才受到矚目。哥倫比亞生產者卡密里歐·馬力尚德（Camilio Marisande）近年來一直在實驗獨特、稀有的品種，他和沙沙·賽斯提克（Saša Šestić）一起為了贏得世界盃咖啡大師賽而生產的蘇丹汝媚（Sudan Rume），是種植在哥倫比亞的雲霧莊園（Finca Las Nubes）。往下幾里路，在聖潔莊園（Finca Inmaculada）的一塊小農地上，就種植著歐基尼奧伊德斯，而且非常成功。「知識份子咖啡」（Intelligentsia Coffee）的傑夫·瓦茲（Geoff Watts）在一場盲測中，將這支豆子呈現給美國沖煮賽（U.S. Brewers Cup）冠軍莎拉·安德森（Sarah Anderson），而莎拉選擇將這支獨一無二的咖啡帶到世界舞台上，在2015

年拿下了第五名。我很幸運地在哥德堡的比賽會場品嚐到這支咖啡，實在很不一般。它幾乎完全不存在我們會望在高品質阿拉比卡豆中嚐到的典型柑橘酸質，取而代之的是非常多的甜感，喝起來幾乎就像加了糖，有著穀物般的品質，還有人會形容它具有茶感。

Europe 歐洲 | 咖啡文化

歐洲的咖啡歷史豐富多變，當然與義大利和濃縮咖啡有關——在吧台旁很快的喝下一小杯作為一天的開始，另外就是全歐陸迷人的咖啡館文化了。長期以來的傳統仍在，同時漸漸地，咖啡館越來越晚開，咖啡要搭上各式各樣的甜點，各有特色。各種美妙的環境和氛圍，從富麗堂皇、寬敞的，到小巧舒適的。你可以在維也納一間大咖啡館享用一份沙河蛋糕（Sachertorte），或是發現自己坐在巴黎人行道一張藤編的椅子上，喝著黑咖啡，看著人來人往。有趣的是，所謂「第三波」運動在歐洲較不普遍，或者說至少直到最近才普遍起來。熱情洋溢的精品咖啡風情在全歐洲四處展開，通常在大城市裡。世界上非精品咖啡地區究竟如何開始提供多變又熱情的精品咖啡，令人感到好奇，就像在咖啡中找到新的興趣一樣地令人興奮。

同步參閱
P23「咖啡師」
P79「濃縮咖啡」
P218「第三波」

同步參閱
P23「咖啡師」
P80「衣索比亞」

Evenness 均勻 | 採收；烘焙；沖煮

均勻這個概念可以運用在咖啡「從豆子到杯子」整個過程中的許多環節。對咖啡師的手藝和一般準備咖啡的程序而言，均勻至關重要。更均勻的研磨、更均勻的佈粉、更均勻的給水等，通常都是沖煮咖啡的階段性目標。烘焙也是如此──更均勻的烘焙。採收亦是，在分級時會投入大量精力對生豆大小和外型均勻地做分類。然而，雖然品質和均勻程度有著絕對的關聯，但不見得永遠適用。在2015年，世界沖煮冠軍歐史代納・托勒夫森（Odd-Steinar Tøllefsen）奪冠靠的就是刻意不均勻乾燥以突顯咖啡特色。他用的這支咖啡是來自衣索比亞的日曬豆，叫做西蒙阿拜真心話（Semeon Abay Nekisse），是以看照這支咖啡處理過程的西蒙・阿拜命名。

同步參閱
P189「濃度計／折射計」

Extraction 萃取 | 沖煮

萃取的定義原是「移除或取出，特別是用努力或力量達成」。然而，萃取的原則其實就是任何沖煮方式或是咖啡製作過程的核心概念。總而言之，所有的咖啡都是用一些水將一些風味從咖啡粉中帶出來。這個過程極其複雜，讓我們在做咖啡的時候感到如此神秘又挫折。你可以這樣思考：藉由從咖啡粉中萃取的多一點或少一點，你便會得到濃一點或淡一點的咖啡。當中的問題在

於不同的物質會以不同的速率被萃出,所以萃取多或少會造成不同的風味。一開始會先出現尖銳、酸、水果調性的風味,接下來是深沉、較重的風味,最後是木質、苦的調性。一杯萃取得好的咖啡會達到上述風味之間的平衡。

咖啡產業會運用一個有點先進的科技,叫做濃度計,來量測咖啡的濃度以觀察萃取程度。不過,這台機器提供的數據並非全貌,因為研磨的均勻度、水壓、溫度及其他變因都會影響萃取型態及欲得的結果。最理想的萃取通常落在「20%」,這表示咖啡有20%被水帶出,剩下的就拿去做堆肥。萃取的品質則完全取決於舌頭,所以這個百分比是可以變動的,但它仍是有用的指標。在即溶咖啡的世界裡,萃取則是藉由超溫加熱和多次沖泡被拉到最高。這讓萃取程度可以達到60%,即溶咖啡的製程因此是全世界最有效率的萃取方式,只是不見得最受歡迎。

同步參閱
P41「咖啡期貨」
P218「第三波」

Fairtrade 公平交易 | 認證

公平交易認證在全世界精品咖啡圈、「第三波」咖啡館、烘焙廠其實很少被人提到,這是因為公平交易的目的是保護農民免受商業咖啡期貨市場衝擊,而在精品咖啡圈,只要咖啡品質夠好就能賣超過市價的兩倍,如此一來公平交易的意義其實不大。話說回來,這個認證在商業豆市場有其優缺點。其最主要的功能就是要確保公平交易的生產者永遠能以符合生產成本的價格賣出,但是咖啡期貨市場會浮動,所以有時候市價會讓咖啡一點都不值得種植。曾經有一份研究顯示,在某些地區,當市場低迷時進行公平交易,反而讓農民在市場景氣變好的時候錯過了高價賣出。這是個複雜的議題,但是公平交易的目標應該受到支持,因為這是個能對商業咖啡產生真正影響的計畫。有趣的是,在2011年,國際公平交易和美國公平交易分裂了,因為對於要與較大的組織還是只與小型農民合作社合作上的信念有所歧異。

同步參閱
P47「二氧化碳浸漬法」
P156「日曬處理法」

Fermentation 發酵 | 處理

打從新石器時代各種酒類和醃菜的製作開始，人類就在利用發酵了。發酵的定義是讓糖份變成酸、氣體或酒精的代謝過程，常用來廣泛地形容微生物的生長。

發酵極度有趣，因為它能對味道造成巨大影響。透過改變溫度、時間、糖以及菌種都會產生不同的結果。咖啡生產者總是在處理生豆時嘗試不同程度的發酵，同時設法對現存的處理法以及環境有更進一步的認識與了解。發酵過程對咖啡風味是可以帶來正面影響的，例如增加咖啡紅酒般的酸質以及感受到的醇厚度或甜感。不過如果發酵過度，也可能因此損害咖啡的特色與品質。

同步參閱
P159「北歐」
P217「第三空間」

Fika 下午茶 | 咖啡文化

這個意味「咖啡和蛋糕」的瑞典文單字，概念類似一段咖啡休息時間或是下午茶，但是實際上是瑞典特有的文化（雖然芬蘭也有類似的文化）。這個日常儀式在工作場合中特別重要，因為一杯好咖啡和一些甜點能促進關鍵的社交互動。肉桂捲是很熱門的搭配選項，有時候甚至會被稱為「下午茶麵包」（Fikabröd）。雖然「Fika」這個詞源自咖啡，時至今日其他像是茶或果汁等飲品也悄悄地融入其中了。

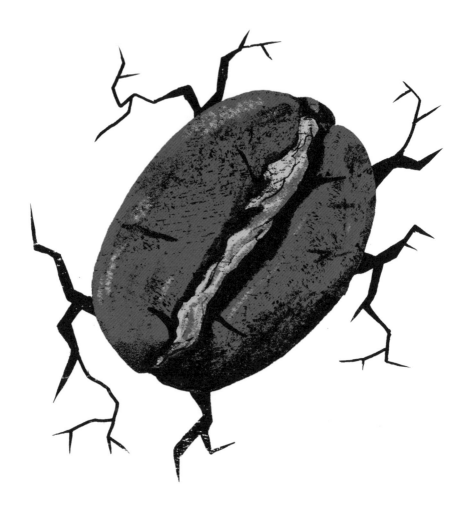

Filter 過濾

參閱P55「凱梅克斯」。

Fines 細粉

參閱P110「研磨」。

同步參閱
P71「發展」

First crack 一爆 | 烘焙

烘焙充滿了有趣的過程和感官刺激——味道、聲音、眼前跳動的豆子、溫度。對一個烘焙新手而言，最重要的經驗之一就是一爆的聲音提示。一爆通常會被聯想成爆米花，但是我認為一爆比較像是劈啪折斷的聲音而不是砰地一聲。這個名詞來自於豆子烘焙時經歷的物理過程：豆子裡的水份要往外跑，所以會爆裂開來，使得體積幾乎膨脹一倍。在這個階段豆子呈現淺棕色，處於釋放能量而非吸收能量的狀態。接著還會有二爆，表示咖啡裡氣體累積到極限了，這時候咖啡豆開始劣化，變得又油又深。

同步參閱
P194「滾輪式研磨機」

Flat burr 平刀 | 研磨

將咖啡從原豆研磨成咖啡粉有許多方法，可以使用各種器材。平刀和錐刀（Conical burr）兩種設計是主流，都是利用改變兩個刀盤之間的間隙——靠近一點或遠一點，來調整咖啡通過時被碾碎的程度。就平刀而言，依據不同的製造商，無

同步參閱
P79「濃縮咖啡」

可避免地會產生大不相同的研磨結果。這是因為各種細節都會造成影響，像是每分鐘的轉速（RPM）、進豆的方式、磨盤材質與大小，還有其上特定的刀紋。任何有磨盤的磨豆機都比刀片式的簡易型研磨機好，刀片式的研磨機就像果汁機一樣，只是將豆子亂砍一通，磨出來的粉粗細非常不一致。還有其他磨豆技術，像是氣動研磨、滾輪式研磨，但這些都是非常昂貴的設備。研磨對於一杯咖啡好喝的程度有著驚人的影響力。因此，有越來越多關於研磨的研究，討論我們對於研磨以及使用磨豆機的了解。

Flat white（澳式）白咖啡 | 飲品種類

誰發明白咖啡的？我們永遠得不到絕對的答案，但可以確信的是來自澳洲某處。

下一個問題，那麼白咖啡究竟是什麼？嗯，白咖啡裡有濃縮咖啡和蒸打過後的牛奶，蠻濃的。細節都不太一樣，這也是你在所有類似的飲品種類都會遇到的問題。這些飲品有各種詮釋的方式，而這些不同的詮釋會成為真理，至少對某一些特定專業人士或是粉絲來說是如此。我對於白咖啡最熟悉的定義是：雙份濃縮加上發泡量較少的蒸打牛奶，倒進一個6盎司的杯子裡。傳統上，卡布奇諾是相對較小又濃，加入蒸奶的飲品，但是許多年過去了，卡布奇諾已經變得越來越大杯，所以在很多國家，它已經與比較多奶泡的拿鐵成為

同義詞。白咖啡的成功靠的是它的濃度，而且它在全球許多咖啡館已經成為很常見的飲品，這是因為喝咖啡的人想反抗市場充斥著漸漸變得太大杯的飲料，想放更多心思在咖啡本身。

Flavour notes 風味調性 | 品嚐

同步參閱
P31「醇厚度」

不論是記錄在標籤上或是口頭討論時，一連串的風味描述都有點嚇人。第一，品嚐並有能力去分析並描述風味，不僅困難且需要特定經驗。第二，完整的風味調性並不存在——就算利用寫實的方式描述，它們仍非常主觀。不過，還是有些元素較容易客觀地描述並得到共鳴，比方說醇厚度、口感、整體風格。就像我們可以很輕易地就同意某一杯咖啡輕盈有香氣，或是有著飽滿的醇厚度與甜感。這與所有以味覺為基礎的訓練一樣，真正的關鍵都在於經驗。品嚐許多咖啡、盡可能地接觸各種風味、用文字和語言將這些風味經驗連結起來，都能增進你察覺並描述風味的能力。試著談論風味，並和別人交流以建立起一些參考點，不僅有幫助，而且非常好玩又有趣。

有一張精品咖啡風味輪圖（在2016年更新），描繪了業界對於形容咖啡正面和負面風味所使用的特定用語。對於全球社群而言，有個制定好的說法是非常有價值的，如此大家便有了共通語言。

同步參閱
P93「平刀」
P104「完全浸泡」

Flow rate 流速 | 沖煮

流速通常會跟時間一起討論，很簡單，就是水經過咖啡滴到杯子裡所需要的時間。唯一一個不需要參考流速的咖啡沖煮方式，就是完全浸泡。在這個情況下我們也會計算時間，只是這時候的時間我們稱為「浸泡時間」，也就是咖啡和水一起浸泡了多長的時間才結束沖煮。

要說流速對於濃縮咖啡有著最重要的影響倒不盡然，因為流速與咖啡粉的粗細直接相關。如果咖啡磨得細一點，水要通過就比較困難，流速就會慢下來。反之，如果磨得粗一點，咖啡顆粒之間的間隙較大，流速便會加快。流速也會影響濾泡式的沖煮方式。就像沖煮咖啡時所有的變數一樣，我們必須將流速視為多重因素中的其中一環，然而要訂出明確的規定卻很困難。你可能聽人家說過「一杯完美的濃縮咖啡流速是25秒」，這種說法實在站不住腳，如果要達到最佳化的結果，光視咖啡豆、磨豆機和沖煮參數，流速調整的範圍就可以非常大了。

Flower 花

參閱P31「咖啡花」。

Freezing 冷凍 | 儲存

「把你的咖啡放到冷凍庫」是個常聽到的建議，

同步參閱
P86「萃取」
P93「平刀」
P110「研磨」

為的是盡可能延長咖啡的品質。不過，這個建議其實有漏洞。冷凍雖可作為保存許多食物類別的方法，還是有人會問，冷凍造成咖啡豆裡水份的膨脹，會不會傷害豆子？答案是：「有可能。」任何食物裡的水份一旦結凍，細胞壁就會受傷。看看含水量很高的蔬果，就會受損劇烈，例如解凍後變得軟爛的番茄。生豆的含水量大約11%，所以問題比較不大（與含水量高達94%的番茄相比）。熟豆的水份更低，結凍的水份幾乎不會造成問題。而將生豆冷凍則已經證實能有效防止咖啡喝起來有「舊豆」的味道，同時也引發陳年豆的概念。在此之前，咖啡是不存在陳年這個概念的，因為太容易變質了。最近的學術研究也顯示冷凍過的熟豆會變脆，以及豆子在不同溫度下的研磨會導致不一樣的結果。這解釋了為什麼當咖啡館比較忙碌時，或者機器的溫度改變時，咖啡的流速也會不同。

冷凍的豆子也保留較多易揮發性香氣，讓咖啡比較好喝。然而，關鍵在於要將咖啡放在密封袋裡再冷凍，越少氧氣越好，要沖煮時一拆封在豆子還沒受潮前（在冷凍狀態下）馬上研磨。

同步參閱
P104「完全浸泡」

French press 法式濾壓壺 | 沖煮

法式濾壓壺也稱作法式咖啡壺或活塞式的咖啡壺，是個經典、廣泛使用的沖煮壺。本質上，這個方法是利用一個杯子，將咖啡和水泡在一起之後，用一個金屬網眼濾器將大部分的浮渣和沉積

的咖啡粉推到底部之後再倒出來。網眼濾器的孔洞較粗，這表示沖出來的咖啡通常會含有蠻多沉積的咖啡，接著一杯濃郁、風味飽滿的咖啡就沖好了。如果你對沉積的細粉不太熱衷，有個小技巧，在你將咖啡往下壓之前，先將表面的浮渣撈起來。另一點要注意的是一開始就沉在底部的咖啡會無法接觸到水，只要在沖煮過程中稍微攪拌一下就可以解決了。雖然我總是會將浮渣撈起來，但因為法式濾壓壺非常簡單就可以輕鬆沖出一杯好喝的咖啡，我仍然非常愛用。

Fresh crop 當季豆 | 採收

同步參閱
P60「哥倫比亞」
P135「肯亞」
P172「過季豆」

採收咖啡基本上就是採收水果。咖啡就像所有水果一樣，開花之後才會結果，表示採收期要仰賴該年度的氣候與時節。咖啡樹在雨季之後開花，接著結果。高等級的咖啡，其果實一般需要九個月才能成熟、採摘。

在某些國家，採收期可能只有短暫、嚴格界定的一段時間，但也有國家的採收期可以長達數月。像肯亞、哥倫比亞，通常會有一個主要產季以及接著一個小的「次要」產季。咖啡的採收大多是手摘，因此在採收期，咖啡園會需要更多人力。赤道兩邊不同的採收期決定了精品咖啡的消費型態，因為烘豆師和飲用者會跟隨新鮮的收成，以盡可能得到最棒的風味。

同步參閱
P13「愛樂壓」
P65「杯測」
P101「法式濾壓壺」

F

Full immersion 完全浸泡 | 沖煮

濾泡式的沖煮方法有很多種，多到可以在你廚房的架子上擺滿器材，而且每一種都有其特殊之處。不過大致上可以分為兩大類：「完全浸泡」和「濾泡式」。前者是水和咖啡混在一起「浸泡」；後者是水會通過咖啡粉層。換句話說，前者是所有的咖啡和水在沖煮的過程中都泡在一起；後者的水會分段注入，每次注入的水會和咖啡在不同的萃取階段接觸。

我自己是受不了太常將注意力放在改變過濾的方法，因為我認為不論任何方法，只要好好的理解後再去實行，都能沖煮出一杯好咖啡。比起沖煮方法，產地、烘焙、水質才是決定品質的關鍵。話雖如此，在不同的方法下，要注意的重點確有不同。像是濾器（濾紙或金屬濾器）或是將咖啡倒出來的裝置，不同方法中不同面向的設計，都會對沖煮出的咖啡有所影響。拿法式濾壓壺為例，咖啡粉會很容易沉在底部，無法與水充分接觸；而如果是愛樂壓，因為水一定要穿過咖啡粉才能離開，所以就不會有同樣的問題。完全浸泡法值得注意的地方是，雖然有人說它比濾泡式更有一致性，但是它沖出來的咖啡會比較少，因為最後會有一些咖啡留在咖啡粉裡。

Gear 裝備 | 沖煮

生活中有很多領域可以激發人對器材的狂熱,深深為之感到著迷。「裝備狂」這個詞可能源自車子的世界,但是咖啡沖煮也有特定的一群裝備狂,尤其是針對製作濃縮咖啡。到線上咖啡論壇一探究竟,上面有許多美麗的器材、新奇的工具供你發掘,也有好多論點可以讓你「參一腳」,不管是磨豆機的轉速,或是限流閥、分水網的使用等。咖啡的裝備很廣,從經典、基本的,到超高科技、走在最尖端的。既然我們開始更加重視咖啡的品質,變數中小小的改變都變得有意義。我常拿一級方程式賽車(F1)來比喻,日常生活中差半秒可能微不足道,但是在賽道上可就不一樣了。

Geisha 藝伎 | 品種

同步參閱
P80「衣索比亞」
P169「巴拿馬」
P228「品種」

與日本傳統女侍無關,藝伎種命名自一個廣泛種植該品種的衣索比亞小鎮。雖然發源自衣索比亞,卻一直到1960年代巴拿馬引進藝伎後,才真正為它開啟成為至尊的旅程。這個高雅、尖葉

的品種產量很低，須符合精準的條件才能真正綻放光芒。風味輪廓通常會拿來與優異的衣索比亞咖啡相比，而非美洲豆。很棒的藝伎有著濃郁的香氣，帶有層層花香、既平衡又如果汁甜感的酸質。種植在其他國家的藝伎種，也一樣帶有非凡的風味。頂級的藝伎批次價格不斐，在世界各地的銷售都比任何其他咖啡品種要好。藝伎的成功帶來一些爭議，有人認為一支咖啡不應該得到這麼多的矚目，與之相關的時空背景必須要有一定的認識才能理解。此話雖然沒錯，但是我沒有一次不為頂級的藝伎感到震驚，我喝過幾次絕頂好喝的咖啡，有一些就是藝伎，另外在盲測時，只要藝伎在杯測桌上，就會聽到大家嘴邊不斷讚嘆：「哇，那一杯實在太棒了。」

God shot 神杯 | 濃縮咖啡

「多半的濃縮咖啡都差強人意，然而有時候你忽然運氣很好，咖啡很好喝，但是說不出理由。」因此，便出現了「神杯」一詞。這個浪漫的說法雖然有趣，卻有問題。咖啡為農作物，本質上的確會隨自然條件而有所變化，而且每一批次中的一顆顆咖啡豆都可視為獨立的個體。另一方面，這個說法將濃縮咖啡變成一種暗黑密技，充滿變數、品質低落，將運氣看得比任何事都重要。過去十年間，出現一波波批判性思考、科學探究，加上更進步的科技，漸漸較少聽到「神杯」的說

同步參閱
P23「咖啡師」

GEISHA

Café de Panama

250g

GEISHA

法，這有利於將注意力放在證明、追求沖煮的咖啡風味，而不再是光靠「感覺」、儀式般的過程。然而，將科學帶進咖啡，追求更有一致性、品質更好的咖啡，仍會受到一些阻力。因為有人認為那樣像是剝奪了咖啡的特別之處，抹去了咖啡的技藝，同時也戳破了對咖啡的美好幻想。我對此的回應是：只要有辦法讓更多人煮出更多好的咖啡風味，那麼我們其實是在增強咖啡的潛力與浪漫。

Green 生豆 | 未經烘焙的咖啡

同步參閱
P41「咖啡期貨」
P98「冷凍」
P198「銀皮」

「生豆放多久了？」以及「你生豆花多少錢？」都是你在這個產業會遇到「生豆」這個詞的一些情況。生豆主要是業界用來指未經烘焙的咖啡，世界上的咖啡貿易便是以生豆為商品，而非我們飲用的咖啡。

咖啡採收後，將咖啡櫻桃和羊皮層移除，我們就得到生的咖啡豆。這些豆子基本上外觀是綠色的，因此得名。咖啡的種類，以及特別是採用的處理法，都會影響豆子外觀確切的色澤，有些看起來會比較偏黃。有趣的是，我們常將生豆的品質與烘焙的品質放在一起討論。比方說，你可能會拿到一批很棒的生豆，但是烘焙得很糟；或是有一點狀況的生豆，但是烘焙得很好。這要花一點時間琢磨才能品嚐出之間的差異。

同步參閱
P98「冷凍」

Grinding 研磨 | 處理

研磨咖啡是一件非常簡單卻又極其複雜的事情。一方面來說,我們只是將咖啡弄碎成較小的顆粒;另一方面,磨好的咖啡粉會分佈著不同的顆粒大小,以及在不同研磨溫度下產生不同的顆粒形狀。若要討論細節,研磨是個最好不過的例子了。期望將咖啡打碎成統一的大小是不可能的,所有的咖啡粉都混合了不同顆粒大小。藉由一種稱為「粒徑分析儀」的高科技產品,我們可以確切地紀錄咖啡粉每種顆粒大小的數量,以及有幾種不同大小。粒徑非常小的稱為「細粉」,非常大的(當然只是相對而言)叫做「粗粉」。細粉的定義是小於100微米的咖啡粉,一微米是一公尺的百萬分之一,真是小的很誇張。比方說,霧裡的一滴水,大小是10微米;一般紙張的厚度是100微米。咖啡的粉越細,水就越容易將它的內容物溶解出來。

Grooming 佈粉 | 濃縮咖啡

同步參閱
P23「咖啡師」
P79「濃縮咖啡」
P86「萃取」
P179「沖煮把手」
P213「填壓」
P239「世界盃咖啡大師賽」

這個名詞指的是在上沖煮把手填壓和沖煮之前,移動濾杯裡咖啡粉的動作。佈粉的用意在於將咖啡粉遍佈在濾杯裡,形成一個分配得較一致的粉床,好讓水能更均勻地萃取所有的咖啡。

佈粉有各種方式,多年以來許多專業的咖啡師都精通「史塔克費來斯式」(Stockfleth)佈粉

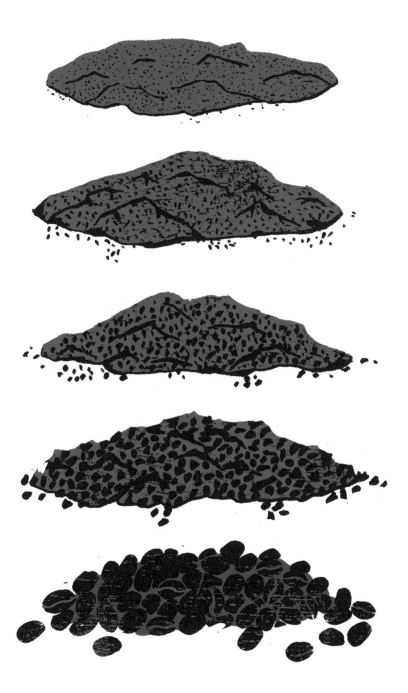

法。使用這個手法時，要有效地用你的食指和大拇指旋轉，將咖啡佈滿。另外如果是「東南西北式」，則是用食指放在咖啡粉上朝每個方向直直移動。不過現在這些手法都比較不流行了。舖水泥的時候，振動是最有效的整平技術，所以只要水平、垂直地拍拍濾杯，就非常有效率了。這個做法還能讓咖啡師巧妙地避免一忙起來手指就變成咖啡色的困擾。此外，也有為了佈粉特別發明的工具，世界盃咖啡大師賽冠軍沙沙·賽斯提克（Saša Šestić）就發明了一個叫做「ONA」的咖啡佈粉器，操作機制是把一個裝著類似螺旋槳的圓盤放在沖煮把手上，接著旋轉，就能將咖啡粉佈平。

同步參閱
P140「葉鏽病」

Guatemala 瓜地馬拉 | 產地

瓜地馬拉是以咖啡品質聞名的國家，也是中美洲最大的生產國。就地理條件來說，瓜地馬拉位在中美洲上方，下面是薩爾瓦多，就像其他大部份的鄰居一樣，咖啡是具有價值的出口品。在瓜地馬拉有許多咖啡產區，而最有名的則屬安提瓜（Antigua）了。這個產區會生產出一些令人驚艷的咖啡，但是就像所有歷史悠久的產區一樣，價格偏高。薇薇特南果（Huehuetenango）在精品咖啡中也很常見，那裡也種植了一些非常優異的咖啡。優質的瓜地馬拉咖啡通常有著明亮且複雜的果汁感，以及巧克力主調。然而，很不幸的是近期瓜地馬拉咖啡作物受到嚴重的葉鏽病影響。

同步參閱
P31「醇厚度」
P163「嗅覺」
P210「超級味覺者測試」
P223「鮮味」

Gustatory 味覺 | 品嚐

我們在吃、喝的時候會將東西放在嘴裡品嚐，味覺便是隨之而生的專有名詞，用以形容嘴裡品嚐的經驗。然而，味覺和鼻子有關，而我們對於「風味」產生的想法，其實多半和嗅覺系統比較有關係。（你可能聽過舌頭擁有的五大味覺：酸甜苦鹹鮮。在過去，常使用舌頭上的分布圖來表示舌頭上負責每一個味道的區域，不過現在這個說法頗受爭議。）相較於香氣與風味，口腔其實負責比較多「味覺感受」。收斂感、滑順感、絲綢感、黏稠感都屬於味覺系統的領域。因此，一個真正美好的咖啡體驗會同時為口腔和鼻腔帶來感受與刺激。

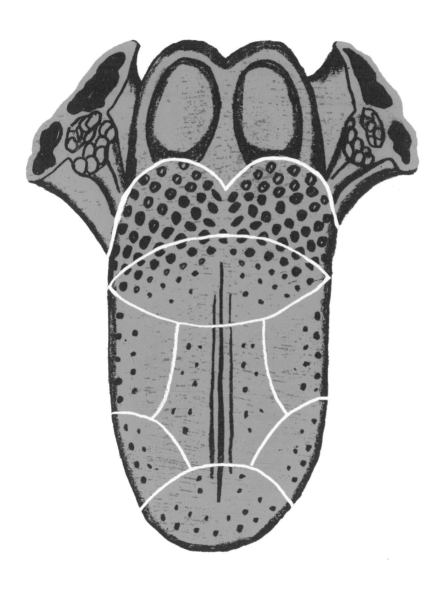

同步參閱
P35「巴西」

Hawaii 夏威夷 | 產地

夏威夷的可那（Kona）在咖啡世界裡長期負有盛名，但是你不太會在精品咖啡的世界裡看到它。要說成為世界頂尖的咖啡產區，夏威夷的機會不大。因為比起其他產地相同品質的咖啡，夏威夷為了平衡昂貴的勞力以及生產成本，以致咖啡相對高價。成本上的考量也使得夏威夷必須率先引進自動化科技，即使是巴西知名的達特拉莊園（Daterra），也曾經拜訪夏威夷參觀他們是如何操作，學習當地最新技術。就咖啡種植而言，夏威夷的海拔相對較低，生產的咖啡風味圓潤滑順而且複雜。

同步參閱
P79「濃縮咖啡」
P151「多鍋爐」

Heat exchanger 熱交換機 | 沖煮

濃縮咖啡機加熱水溫的方式通常有兩種，其一是利用特定元件去加熱一個鍋壁很厚的金屬鍋爐（最先進的機型可以調節溫度在一度之間）；另一個就是熱交換機。在熱交換機裡，一條細窄的管子安裝在熱鍋爐中，萃取咖啡的時候，新鮮的水會透過管子被吸出去，經過「擠壓」的水幾乎

瞬間完成加熱。

熱交換機的確很聰明，但仍有些潛在問題，例如若一段時間沒有沖煮，那麼熱交換機裡面的水就會太燙。另外，熱交換機仍然需要非常燙的水作為它的加熱來源。如果在連續沖煮時水的溫度下降，抽取出來的水就會不夠熱。一家濃縮咖啡機製造商「La Spaziale」擁有一項非常精巧的熱交換機專利，它的機制是使用蒸氣而非水去加熱，以提供更加穩定的熱源。

Honduras 宏都拉斯 | 產地

宏都拉斯雖然在中美洲其他咖啡生產國之間算是較晚起步，但是現在已經是該區域最大的咖啡生產國。以我的經驗來說，優秀的宏都拉斯咖啡帶有突出、複雜的水果風味及酸質（通常偏向熱帶水果）。然而，生豆商通常對於這個地方的咖啡會比較小心，因為雖然其條件很適合種植咖啡，但是一旦咖啡採收後，乾燥條件卻不是那麼好。這和當地的雨量息息相關。如果乾燥有問題，就表示採收後在新鮮狀態時嚐起來是很棒的，但是風味卻會很快的消失。尤其是這裡種植了非常多供應給精品咖啡市場的咖啡，這個問題受到極大的關注，令人對這個產區仍感到期待與興奮。

同步參閱
P109「生豆」

H
118

同步參閱
P90「發酵」
P156「日曬處理法」
P198「銀皮」
P235「水洗處理法」

H

120

Honey process 蜜處理法 | 處理

首先，蜜處理法裡面沒有蜂蜜。這個名詞與咖啡櫻桃中叫做「果膠／黏膜」的黏滑物質有關。咖啡在處理和乾燥時，你可以選擇保留所有的果肉在豆子上（也就是日曬處理法），或是使用水洗處理將所有的果肉移除。蜜處理法則是介於兩者之間，基本上與半日曬是一樣的。蜜處理法在中美洲很流行，而且標記有不同的程度：黑蜜、紅蜜、黃蜜，還有比較不常見的白蜜、金蜜。在不同的咖啡產區，這些標記背後的做法可能會稍微有一點差異，但是大致上來說，指的是黏膜留在豆子上的百分比，或是黏膜受到的日曬以及熱能多寡。

日曬和熱能可以藉由咖啡曝曬的厚度或是翻動的頻率來控制，進而影響咖啡乾燥的速度，以及在過程中發酵的程度。黑蜜處理法表示帶有較多黏膜且乾燥時間較慢，所以風味渾厚、圓潤、帶甜感，有著溫和的酸質。接下來每一級的蜜處理法（依序為黑、紅、黃、金、白）表示黏膜越來越少且乾燥時間越來越短，或是更高頻率地翻動，讓風味較為明亮、醇厚度輕盈。白蜜處理法有趣之處在於，所有的果肉會用噴射水流移除，因此可能是「水果調性」最少的處理法，甚至可能比水洗處理法的水果調性還少。

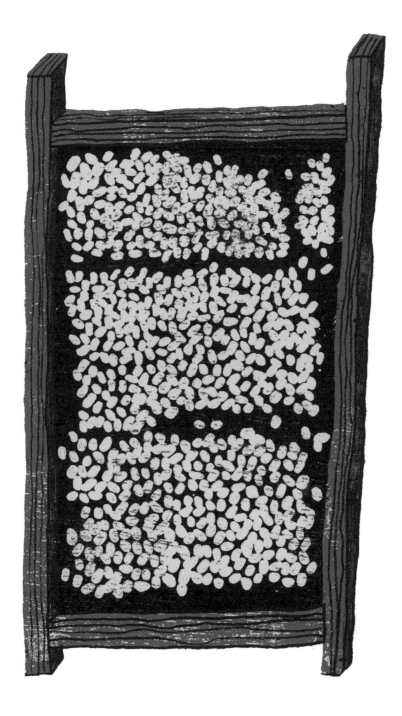

Ibrik coffee 伊芙莉克咖啡

參閱P221「土耳其咖啡」。

Importing 進口 | 貿易

同步參閱
P65「杯測」
P68「瑕疵」

咖啡店家可以自己尋找管道進口咖啡，不過更常見的是由專門從事進出口的公司擔任中間媒介，因為購買、運送、存放咖啡是個大工程。話雖如此，親自去尋找生豆很可能激盪出一段很棒的故事，而且在以前，當精品咖啡市場還沒那麼普遍且做法較不透明的時候，直接尋豆是個很棒的方法，可以避免許多限制。而小型、專注品質的烘豆商與進口商合作則可以享有另外許多優點。橫跨世界而來的咖啡經過貨櫃船運、倉庫存放，最後很可能會與當初在產地杯測得到的風味有所出入。這就是直接跟產地購買需要承擔的風險。另一方面，進口商要成為供應鏈上專精的角色頗有優勢，因為他們可以專注在網絡和關係的經營。小型進口商在認知到現在市場對特色獨具的咖啡有所需求後，也能回應潮流，尋找特定風格和處

理法的咖啡。也因為如此，現在由進口商發起的計畫和活動越來越普遍了。話說回來，直接購買仍有其優點，例如更容易取得獨家的咖啡，而且顯然可以省下一點錢。

Independent coffee shops
獨立咖啡館 | 咖啡文化

同步參閱
P218「第三波」

「獨立咖啡館風情」這個詞基本上涵蓋了全球所有非連鎖咖啡店，也就是形容各家咖啡館在提供各式各樣的咖啡時，有著不同的品質和風格。不過，這個詞也成了一種價值觀，尤其是對咖啡而言。「第三波」和精品咖啡運動生根於獨立咖啡文化，兩者之間的連結也因獨立咖啡文化而產生。與此同時，我卻時不時對於這個詞的用法有一點點困擾，因為許多獨立咖啡館並不專注於提供具有手藝的咖啡，而且也許更有趣的是，好喝的咖啡並非獨立咖啡館唯一可以賺錢的東西。要定義一間咖啡館是否不再屬於獨立咖啡館蠻困難的，但是我的確看到了一些咖啡館不斷成長、野心勃勃、追求品質，提供並且進一步的推動精品咖啡。

India 印度 | 產地

同步參閱
P202「種」

印度這個國家以許多特色聞名——充滿生氣的文化融合、悠久的歷史、蓬勃發展的現代國家。即便印度更為人所知的是高品質的茶葉，當地其實也

生產不少咖啡。在精品咖啡圈裡，印度最出名的便是種植了一些最好的羅布斯塔種。雖然印度的種植條件比較不利於阿拉比卡種，仍然有些很不錯的批次，有著圓潤滑順的醇厚度，以及令人愉悅的香料調性。

風漬馬拉巴（Monsooned Malabar）便是源自印度喀拉拉區（Kerala）西南沿岸。在早期，咖啡是裝在木箱子裡以船隻運行的，而每當季風期間，生豆飄洋過海的過程中會吸收許多濕氣，以致沖煮出來的咖啡酸質低且帶著一點點陳舊味，具有非常圓潤的醇厚度。漸漸地有越來越多人偏愛這種風味，所以當運送條件改進後，便出現以人為仿效季風的咖啡處裡法，藉以模仿風味。因為缺少酸度和細緻度，所以咖啡風味會比較散。不過仍持續有強烈的市場需求。

Indonesia 印尼 | 產地

當咖啡在世界的這個角落被提起時，以泥土、香料調性的風味聞名。這種風味主要是出自其獨特的「濕剝處理法」（當地又稱Giling Basah）——一個兩階段的處理法。做法是先將咖啡大部分的果肉移除後，乾燥至30～35%的含水量（要出口時會近乎完全乾燥，含水量接近12%甚至更低）。這個乾燥過程在進行時，黏膜還附著在豆子上，很類似蜜處理法。接著，在進一步乾燥之前，包含羊皮層在內的所有物質都會移除。這麼早就移除羊皮層是很少見的，這樣的處理法會賦予這支咖

同步參閱
P120「蜜處理法」
P136「麝香貓咖啡」
P163「爪哇老布朗」

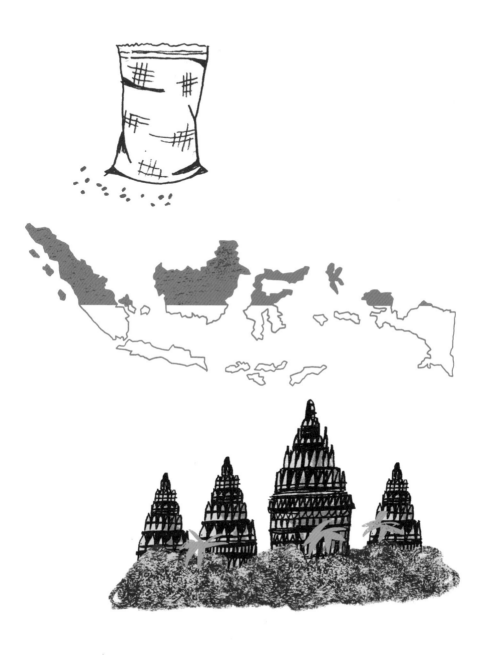

啡較厚重的醇厚度，以及較低的酸質。此外，也有採完全水洗處理的印尼咖啡，相對而言會有較高的酸質。

在世界的這個角落能聽聞到一些奇特的咖啡故事，像是麝香貓咖啡和爪哇老布朗，但是對我來說，這個區域最棒的咖啡是水洗、帶有香氣、香料特性的豆子。為了得到飽滿的醇厚度和較低的酸質，圓潤的印尼咖啡經常會被放在濃縮咖啡的配方豆裡。順帶一提，印尼下面還有很多地點和島嶼，包含蘇門達臘、蘇拉威西和爪哇。

Instant coffee 即溶咖啡 | 咖啡文化

同步參閱
P86「萃取」
P98「冷凍」

即溶咖啡顧名思義是可以溶解的咖啡，對一般人來說就是「加水即可」。據聞，即溶咖啡是在十八世紀晚期發明於英國，不過第一個專利註冊則是屬於來自紐西蘭英佛卡吉爾（Invercargill）的大衛・史傳格（David Strang）。這個即溶製備方法非常成功，雖然製造方法不盡相同，但是原則都是先沖煮咖啡後，再將所有的水份移除。於是你就會得到咖啡粉，只等著加水，接著「變！」一瞬間一杯咖啡就沖好了。

即溶咖啡帶來許多商業利益：保存期間長，且比起咖啡豆或是咖啡粉，相同數量的咖啡運送重量較輕。當然，更不用說準備起來方便又簡單。不過，「即溶」如今卻成了廉價、低級咖啡的代名詞，只提供咖啡因但是無法提供品質。然而，這種說法可能將有所轉變。2016年，兩屆芬蘭咖啡

師冠軍凱爾‧菲茲（Kalle Freese）成立了「快咖啡」（Sudden Coffee），以高級精品咖啡製作、沖煮，再生產為即溶咖啡。雖然這項挑戰的關鍵僅在於保留香氣，但在喝過凱爾的咖啡後，我認為即溶咖啡的確有潛力可以呈現出高級品質咖啡的特色和風味。

International Coffee Organization 國際咖啡組織 | 貿易

國際咖啡組織（ICO）總部位於倫敦費茲羅維亞區的伯納斯街（Berners Street, Fitzrovia）。創立於1963年，當時在與聯合國的合作之下，開始推進咖啡生產國和消費國之間的關係及合作。從1960年代晚期到1990年代早期，在國際咖啡組織主持下通過的國際協議，便開始了一項配額制，以在市場波動時穩定咖啡價格——如果咖啡的生產供過於求，咖啡就會拒絕流入市場；當供不應求時，就會反過來。

雖然國際咖啡組織如今已不再像以前一樣扮演穩定咖啡價格的重要角色，但仍然是一個重要且具影響力的組織，像是他們現在就將焦點放在為所有的會員謀福利，進行研究和教育。

Invention 創新 | 科技

某方面來說，要做出一杯好咖啡可以非常簡單；另一方面，沖煮咖啡時無數的複雜變因，表示可

同步參閱
P41「咖啡期貨」
P180「生產」

同步參閱
P79「濃縮咖啡」
P105「裝備」
P110「研磨」

能會需要一些高科技加以輔助。比方說,若要將焦點集中在溫度對於濃縮咖啡機的影響,在開發新科技之前,就需要先經過大量研究。標榜「獨一無二」的專利比比皆是,新企劃在全球重大展會上露臉,競爭對手都圍繞著爭相觀看。在一些毫無助益、無法成功的創新問世的同時,某些創新則可能永遠改變咖啡產業。

Italy 義大利 | 咖啡文化

同步參閱
P23「咖啡師」
P79「濃縮咖啡」

義大利這個地中海國家可謂濃縮咖啡的家鄉,當地咖啡文化的出口比任何國家都要多。在許多廣告或商業活動中都會提到這個世界遺產,整個國家無異是一個全球性的名牌。

位在布雷西亞(Brescia)的義大利咖啡品鑑協會(IIAC)為濃縮咖啡定義了其咖啡油脂的顏色和特定的風味調性。儘管如此,義大利全國的咖啡風格各有不同,拿玻里式的濃縮咖啡有較多比例的羅布斯塔豆,萃取的比較短、也比較燙口;北義則較多以阿拉比卡豆為主的濃縮咖啡,萃取較長。雖然義大利飲用咖啡的文化久遠,但是咖啡本身較多商業豆,精品咖啡仍是少數。

世界各地持續出現新加入的濃縮咖啡機廠商,即使市場上頂級的機種可能來自別處,義大利仍是濃縮咖啡機生產的心臟地帶。

同步參閱
P64「卓越杯」

Jamaican Blue Mountain

牙買加藍山 | 產地

歷史上，牙買加藍山就是昂貴、高級咖啡的同義詞。最近則開始有人說這是一支價格過高的咖啡——足以顯示好的行銷比好的咖啡品質來得重要。這支牙買加咖啡在以前之所以聲名遠播，是因為那時還不容易取得經過優良處理的咖啡。然而，今日這支咖啡卻顯然已無法與最好的咖啡匹敵。

同步參閱
P59「冷萃」
P64「卓越杯」
P109「生豆」

Japan 日本 | 咖啡文化

咖啡對日本來說是件大事——日本是全球最大的咖啡進口國之一，而且坐擁多元的咖啡風格與文化用途。在日本，咖啡廳從傳統茶室演變而來，歷史悠久。二戰後，咖啡在日本蓬勃發展，如今已成必需品，自動販賣機裡販售著冷熱罐裝咖啡。（日本比其他許多國家都要更早開始冷萃咖啡的風潮。）頂級、稀有、仔細沖煮咖啡的概念，在日本發展得很完善。甚至，全球生豆的採購和取得也常見到日本買家以高價標下最好的咖啡。

Kaldi 牧童卡爾迪 | 咖啡傳說

「第一個發現咖啡的人是誰？」這是個無解的問題。有個有趣的民間故事有此一說：十九世紀，阿拉伯衣索比亞牧羊人卡爾迪，在衣索比亞西南方的森林發現他的山羊跳著舞。卡爾迪注意到山羊咀嚼著附近樹叢上的鮮紅色櫻桃，跟著吃了一顆後感覺到提神效果，開始與山羊共舞。故事後來，他將種子帶回附近的修道院，一位僧侶不同意他們食用這些果實，便將果實扔進火裡，沒想到飄出的香氣實在太誘人了，於是又把豆子收集起來磨成粉溶進水裡，成了史上第一杯咖啡。

同步參閱
P175「圓豆」
P228「品種」

Kenya 肯亞 | 產地

咖啡的水果調性可以多好喝？只要端出一杯兼具美妙與複雜的肯亞咖啡，就能展現得淋漓盡致了。這個國家生產一些帶有令人驚艷、類似莓果調性的咖啡，有著高度酸質，還有厚重圓潤的醇厚度。頂級的肯亞咖啡深得我心。該國的咖啡生產已經非常成熟，其中包含競標系統，有助於獎勵品質。肯亞咖啡通常依照豆子大小分級，較大

顆、分級為AA的豆子通常表示較高的品質，不過其實大小與品質的關係並非絕對——分級為AB的批次（結合了較小的豆子）也可以得到很高分。

此外，在肯亞也流行將圓豆區分開來販售。肯亞所生產的精品咖啡中，最常提到的兩個焦點就是SL28、34品種和涅里（Nyeri）產區。SL指的是史考特實驗室（Scott Laboratories）研發出的優異品種。這些品種現在算得上是該國最高級的咖啡，而且在其他地方看不太到，幾乎是肯亞特有的品種了。而涅里位於肯亞中部，在肯亞山（Mount Kenya）附近，為這個國家貢獻了許多最優秀的咖啡批次。同樣地，肯亞其他地方也種植著很多優異的咖啡。

Kopi Luwak 麝香貓咖啡 | 處理；動物權利

「你有沒有喝過……你知道就是一種……『經過』動物體內的咖啡？」——「魯瓦克咖啡」是世界上數一數二昂貴的咖啡之一，直接的翻譯是「麝香貓咖啡」。小小的麝香貓在森林裡遊蕩的時候挑了最好（最成熟）的果實吃，豆子於是在貓的消化系統裡經過了特殊的處理。如此產出的咖啡既神秘又珍稀，在行銷推捧下引起世人的追求。然而，事實卻完全不是這麼夢幻——遭囚禁的麝香貓被強迫餵食了低等級的咖啡，引起嚴重的動物權利問題。而且就算在盲測中，麝香貓咖啡也從來得不了高分。故事經過包裝之後的影響力可見一斑。

K

136

同步參閱
P133「牙買加藍山」
P117「夏威夷」

同步參閱
P94「白咖啡」
P197「感官科學」

Latte art 拉花 | 咖啡文化；準備

在剛做好的白咖啡表面上裝飾圖案已經非常普遍，這個最後的揮舞步驟能讓飲用者感受到咖啡師的全心灌注，以及沖煮一杯咖啡時面面俱到的精神。我和牛津大學實驗心理學家查爾斯·史賓斯（Charles Spence）一起做的一項研究指出，消費者願意花多一點錢買一杯有拉花的咖啡，但並不一定是覺得品質會比較好，而是因為他們認為整杯飲料的製作投入了較多的精力和手藝，於是產生錯覺以為一杯拉花美麗的咖啡就永遠是好咖啡。花拉的好當然表示牛奶蒸打得很好，但是我們卻很難知道咖啡裡頭的品質如何。拉花是很難駕馭的，有一些咖啡師僅僅是將蒸打好的奶泡倒進咖啡裡就能製作出圖案，真是非常厲害。因此，世界盃拉花大賽（The World Latte Art Championship）永遠能吸引人潮。

拉花主要的兩個方式是「傾注成型」和「雕花」。傾注成型時，要將蒸打好的奶泡倒進濃縮咖啡裡，不使用其他工具便能形成圖案，其中靠的是時間的掌握、技巧、位置和奶泡品質。而雕

花則可以在表面上使用各種工具，像是牙籤。兩種方式結合起來可以產生令人驚艷的圖案。

Le Nez du Café®
咖啡36味聞香瓶 | 香氣

同步參閱
P68「瑕疵」
P163「嗅覺」
P183「杯測師」

這盒漂亮的液體香氣溶液雖然有點貴，卻是晚餐聚會時很好的遊戲。盒子裡有36個小瓶子，各自代表著咖啡裡最常見的36種風味，好的壞的都有（壞的風味是由瑕疵產生）。每個罐子都有其編號，你可以先聞一聞，然後猜猜看是什麼味道，附贈的小冊子上會有詳細的說明。利用這樣的嗅覺遊戲，便會越來越進步。一群朋友一起玩的話特別有意思，在沒有任何視覺或文字線索之下，看看每個人對於同樣的味道會有如何不同的解釋。這組香瓶在咖啡品質鑑定的資格考中被用來當作必備教材。同一家公司還有針對紅酒和威士忌生產類似的聞香瓶。

Leaf rust 葉鏽病 | 種植；疾病

同步參閱
P51「卡斯提優」
P56「氣候變遷」
P113「瓜地馬拉」

咖啡葉鏽病（CLR）是一種真菌，源起於東非，對世界各地的咖啡種植區域會產生極具破壞性的影響。葉鏽病在1800年晚期首次顯示其影響力，錫蘭的咖啡受到此菌破壞，銳減了八成的產量。在真菌衝擊之前，錫蘭本來是世界上最大的咖啡生產地。爾後，經過嚴密的隔離讓美洲得以長期倖免，直到1970年代才又在巴西發現，沒有人知

道此菌究竟是如何抵達美洲的，但是這種像灰塵一般的孢子很容易藉由行李、人類和植物散佈。對抗葉鏽病有許多方法，像是藉由農場管理、隔離或是使用殺菌劑。然而，至今仍沒有萬無一失的解決方案，持續培養具有抗病性的品種則是目前最可行的方式之一。

Lever machine

拉霸機 | 設備；濃縮咖啡

....

濃縮咖啡（Espresso）的概念就是在壓力下萃取咖啡，其字面上的意思是「壓出」而非「快捷」或「快速」，即便做一杯濃縮咖啡確實可以很迅速。第一台濃縮咖啡機在十九世紀末出現，原理是利用蒸氣製造壓力。1945年，義大利喬凡尼·阿基里·佳吉亞（Giovanni Achille Gaggia，1895-1961）發明生產的拉霸機，不需要蒸氣就能提供壓力，這表示不需要再使用滾燙的水。拉霸機靠使用者提供所有的壓力，或是藉由彈簧反覆充填。這個動作開啟了「拉一劑濃縮」（Pull a shot）的說法。拉霸機同時也大抵定義了現在濃縮咖啡的容量，因為沖煮頭能容納的水量就是那麼多。拉霸機之後便出現了幫浦驅動的機器，成為現在市場大宗。由於拉霸機需要與機器有更多「互動」，而被視為較講求手藝的沖煮方式，因此近來又有復甦趨勢。然而，現代可程式控制的幫浦機已經可以模擬經典拉霸機的壓力變化了。

同步參閱
P79「濃縮咖啡」
P131「義大利」

同步參閱
P63「君士坦丁堡」
P217「第三空間」

Lloyd's of London

倫敦勞依茲 | 歷史

....

咖啡館的出現和社會、經濟、文化改變息息相關。在十六、十七世紀的歐洲，咖啡館和當時流行的酒館是很大的對比。咖啡具有令人興奮卻又不會酒醉的特性，讓咖啡館成了可以進行討論和腦力激盪的場所，許多歷史學家認為這個生氣蓬勃的咖啡風情與十八世紀的啟蒙運動有關聯性。除了是學者談話、八卦的集散地，咖啡館也是做生意的好地方。位於倫敦市淘兒街（Tower Street）上的勞依茲咖啡館成立於1688年，水手和商人都是該店的常客，船商在這裡可以接收到可靠的航運消息。咖啡館很快地成了取得海上保險的理想場所——於是至今仍在英國首都運作的倫敦勞依茲保險市場因此誕生。

同步參閱
P71「發展」
P75「鼓式烘焙機」
P93「一爆」
P109「生豆」

Maillard reaction 梅納反應 | 烘焙

未烘焙過的生豆嚐起來有點草味和穀物味，屬於
尚未完成的材料，僅帶有「潛在」風味，必須經
過烘焙時一連串複雜的化學反應過程，才能釋放
其潛力。而確立咖啡主要風味的階段和其他許多
飲料食品一樣──梅納反應。這個過程通常與咖啡
裡的胺基酸和含氧物質（例如糖）有關，因此無
法預測。在烘焙過程中，這些物質在不同的溫度
下產生化學反應，尤其攝氏140度～165度之間最
為劇烈，因此產生許多富含風味的副產物。烘焙
過程中還會發生其他化學反應，至於如何發生、
又如何影響風味，都取決你的烘焙手法。經過烘
焙，咖啡的糖份會焦糖化，而若烘得過久就會產
生焦味。

Mechanical drying
機械式乾燥 | 處理

同步參閱
P75「鼓式烘焙機」
P186「棚架」

機械式乾燥機有點像烘豆機：是一個可受熱的大
型滾筒。不過溫度比起烘豆機低得多，所以也許

說它像一台滾筒式乾衣機更為接近。傳統做法多半是將咖啡放在開放空間，大型的水泥地也好，棚架也好，都是仰賴陽光乾燥。而機械式乾燥機通常為多雨潮濕以致乾燥困難或是欲加速乾燥過程的國家在使用。一般認為機械式乾燥較次等，此言不虛，因為乾燥機經常會過熱，可能損害咖啡的品質。不過，也有人提出異議，認為只要掌握得宜，機械式乾燥機其實最具操控性，且是最能夠專注品質的乾燥手段。此外，也有人認為「靜置」在夜晚的冷空氣中有助於乾燥過程。不過，這些研究到目前為止尚無定論。

Melbourne 墨爾本 | 咖啡文化

....

如果你看過這本書的前言就會知道，墨爾本開啟了我的咖啡旅程。這個城市近年來可以說影響了許多人的咖啡旅程，點燃許多熱情。如同澳洲其他地方一樣，這裡蓬勃發展的咖啡風情多變、有特色，又走在尖端。除了完美的早午餐，當地咖啡館真正的核心與價值更是來自傑出的咖啡，因為他們真正地強調出咖啡師的角色。據說，這使得墨爾本成了全世界咖啡師薪資最高的地方。這種澳式風格在過去十年間散佈到世界各地，現在全球雖然有其他許多令人感到興奮、具有影響力的咖啡文化，但是墨爾本依然獨具特色。

同步參閱
P23「咖啡師」

同步參閱
P113「瓜地馬拉」
P224「美國」

Mexico 墨西哥 | 產地

由於鄰近美國，墨西哥大部分的咖啡都賣給了北
方的鄰居，所以市場上較少見到墨西哥咖啡。這
個國家能生產優異、高品質的咖啡，風味豐富，
從輕盈、花香到成熟，帶有如太妃糖般的風味與
圓潤口感。墨西哥是世界上最大的咖啡生產國之
一，主要種植阿拉比卡種。即使如此，現在墨西
哥的咖啡產量，比起1989年廢除「國際咖啡協
議」（International Coffee Agreement）所造成的
咖啡危機之前，其實是下滑的。墨西哥最頂級的
咖啡來自其南部沿岸，與瓜地馬拉相鄰的區域。

Moka pot 摩卡壺 | 沖煮

M
149

這個可以放在爐上沖煮的器材已經存在超過80年
了，而且跟濃縮咖啡一樣發源自義大利，由阿方
索·比亞樂堤（Alfonso Bialetti，1888-1970）
在1933年取得該設計（發明者為路基·德·彭堤
〔Luigi De Ponti〕）。至今比亞樂堤企業仍以
「摩卡快速壺」（Moka Express）為名，持續生
產相同的壺。摩卡壺在家裡的爐子上就可以煮出
濃縮咖啡式的飲品，所以非常流行。至於壺的設
計則是讓下壺的水受熱後產生蒸氣而累積壓力，
當蒸氣累積到臨界點就會迫使水往上衝，接觸到
咖啡粉餅後上壺便裝滿濃郁、現煮的咖啡。在水
穿過咖啡之前，不同的設計需要不同程度的熱度

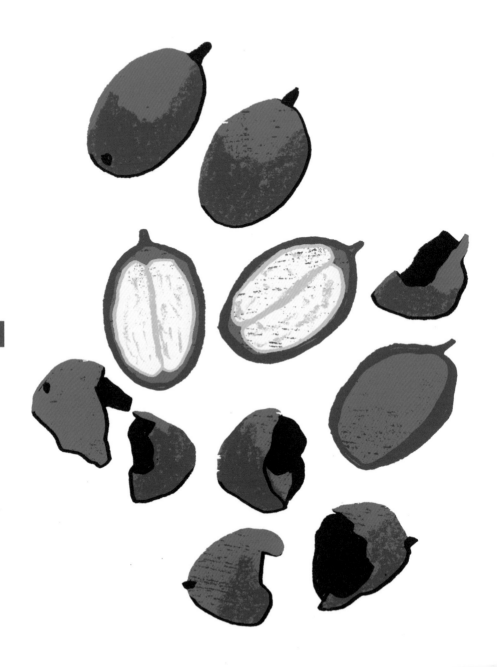

和壓力，而摩卡壺最常遭人詬病的就是咖啡喝起來容易有焦味。造成這種現象的主因其實就是水太燙，而且過度萃取咖啡了。有一個簡單的小技巧，就是在下壺放入比以往要少的水，這樣就能在溫度過高之前，更快產生足以將水往上推向咖啡的蒸氣。

Mucilage 果膠／黏膜 | 產地

咖啡豆被羊皮層包覆，而羊皮層外沾黏咖啡果肉的部分，就叫做果膠或黏膜。這一層果膠就許多方面來說都非常重要。咖啡櫻桃在樹上成長的過程中，也會檢測果膠來確認甜度。要是從樹上將成熟的咖啡櫻桃摘下嚐嚐看，一定會對其甜度感到訝異。我最難忘的一次經驗是發生在薩爾瓦多的庇里牛斯莊園（Finca Los Pirineos），我在咖啡樹林裡散步，嚐遍了種在那裡一些知名品種的成熟咖啡櫻桃。果膠的風味竟是如此不同，令我震驚不已。在各種處理手法中，讓我們感興趣的就是這層果膠，包括如何進行乾燥，它又如何影響咖啡的風味等。

Multi boiler 多鍋爐 | 濃縮咖啡

搜尋市面上的義式咖啡機時，可能會在技術說明書或產品特色中看到「雙鍋爐」或「多鍋爐」這樣的詞彙。在過去，一個大鍋爐必須為整台機器提供許多用途，包括為熱交換機加熱水溫、提供

同步參閱
P38「糖度」
P77「薩爾瓦多」
P120「蜜處理法」
P156「日曬處理法」

151

同步參閱
P117「熱交換機」

熱水給熱水出水口，還要在蒸打熱牛奶的奶泡時提供蒸氣。然而，要能有效率地做這麼多事情，便需要一個相當大的鍋爐，才得以多工並行又不至於顧此失彼。多鍋爐的設計就是要將這些多工分開，而這個想法一開始是先以雙鍋爐的形式出現——一個鍋爐用來沖煮濃縮咖啡，另一個鍋爐提供蒸氣和熱水，不過現在已經有了長足的進展，不僅機器的每一個沖煮頭都有各自的鍋爐，而且鍋爐還各自有著預熱的鍋爐。多鍋爐的設計讓咖啡機能一次儲存、製造不同溫度的熱水，並且在各種溫度下提供更具一致性、準確性的沖煮。

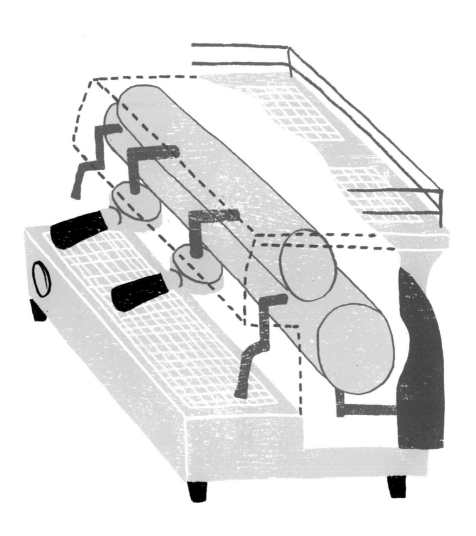

同步參閱
P23「濾杯」
P52「通道效應」
P79「濃縮咖啡」
P179「沖煮把手」

Naked shot

無底把手萃取之濃縮 | 沖煮

....

使用無底把手萃取的濃縮咖啡曾經紅極一時,現
在則稍微退燒了。這個詞顧名思義,是指使用鑽
開底部的沖煮把手,讓咖啡直接從濾杯底部滴入
杯子裡,這表示可以目睹濃縮咖啡迷人的沖煮過
程。一開始非常深色的液體好像慢動作似地滲出
後,轉變為綿長、濃郁、順暢流出的濃縮咖啡,
這個過程中,咖啡的顏色從棕色轉為紅色,接著
是深焦糖色,沖煮到一半時,咖啡會聚集在濾杯
中心成為一束,越流越快,顏色越變越淺,接著
就萃取完成。如果沒有搞得一團髒的話,看起來
還真的蠻美的。除了視覺美學外,這樣的萃取還
有一些優點——它可以讓你更清楚地看到水是如
何穿過咖啡,而進一步幫助你檢視通道效應。此
外,一般沖煮把手的分流嘴也有可能殘留咖啡
渣,會給咖啡帶來負面的風味。沒有分流嘴就能
避免這件事情,但是當然你大可以把分流嘴清理
乾淨就好了。同樣思維下,無底把手萃取的濃縮

讓所有的咖啡都流進杯子，能避免咖啡粉堵塞在分流嘴裡，然而我並不認為這對咖啡品質有特別重大的影響。另一方面，試驗的結果顯示當濃縮咖啡由兩個分流嘴流出，兩邊的風味事實上很難達到一模一樣，所以無底把手萃取的濃縮，或是雙份濃縮，可能較能達到一致性。

Natural process 日曬處理法 |處理

日曬處理法（或稱乾燥處理法）是最古老且最直接的處理法。咖啡櫻桃採收後，在果肉和果皮都還包覆著咖啡豆的時候進行乾燥。咖啡豆連同咖啡櫻桃一起乾燥，在乾燥的最後才分開，這與完全水洗處理的咖啡有著極大的對比，因為在水洗處理法的過程中，咖啡櫻桃和咖啡豆在一起的時間很短暫。日曬處理法的乾燥耗時費力，需要經常性的耙鬆、翻動，避免發霉和過度發酵而造成負面風味。確切的乾燥時間、溫度，都與品質有著密切關係，日曬處理法咖啡常見的問題之一就是要花太多時間乾燥，這使得咖啡會因此產生腐敗或是過度「奇特」的風味特色。

費拉佛歐·伯勒姆（Flavio Borém）在乾燥咖啡的過程中監看水活性，顯見不正確的乾燥會減損豆子的細胞壁，意指這些咖啡的風味會陳舊、消散地非常快速。日曬處理的咖啡通常據說能從咖啡櫻桃中「吸取」更多水果風味，但是對於日曬處理的咖啡究竟為何產生紅酒般、圓潤的水果調性，仍無明確解釋。日曬處理法所需的水量遠遠

同步參閱
P90「發酵」
P120「蜜處理法」
P198「銀皮」

少於其他處理法，非常環保，也表示世界上水資源貧瘠的地方可能多半採用這樣的處理法。

許多烘豆師和咖啡買家會完全避開日曬豆，不過我個人認為，雖然有很多糟糕的日曬處理法讓咖啡變得有土味、木質調，或是臭酸，但還是有一些令人期待的日曬，有著複雜的風味特色且美味。日曬處理其實和蜜處理、去果皮日曬非常近似，現在也有很多富實驗精神的種植者，研究各種日曬風格的處理法，作為改變、改進他們咖啡風味特色的一種方式。

同步參閱
P64「卓越杯」

Nicaragua 尼加拉瓜 | 產地

過去一個世紀對尼加拉瓜來說充滿紛擾，咖啡的種植無法避免地也受到該國政經情勢影響。不過現在，可追溯性和高品質的咖啡正蓬勃發展。許多品種在尼加拉瓜不同的產區都種植地非常良好，生產出的咖啡特色廣泛，從濃郁、飽滿的醇厚度，到多汁、水果調性、複雜度高的風味。這個國家的卓越杯非常成功，北方的新塞哥維亞（Nueva Segovia）產區更是不斷地成功生產出許多品質卓越的咖啡。

同步參閱
P90「下午茶」
P239「世界盃咖啡大師賽」

Nordic 北歐 | 咖啡文化

北歐國家的人均咖啡消費排名常名列前茅，芬蘭在前、挪威緊追在後。此地不僅消費許多咖啡，北歐飲食文化對於源頭和風味的重視更是有目共睹。當世界盃咖啡大師賽在2000年開始舉辦以

來，北歐國家在前幾年不斷地大獲全勝，其他國家都只能拼命追趕。許多具有影響力的咖啡館和咖啡人遍佈在斯堪地半島和芬蘭。然而在瑞典，下午茶宛如每日的儀式。整個北歐，頂級的餐廳必會搭配最好的咖啡，像是哥本哈根的「諾瑪」（Noma）便率先與2004年的世界咖啡大師冠軍提姆‧溫德柏（Tim Wendelboe）合作。

同步參閱
P23「咖啡師」
P86「萃取」
P213「填壓」

Nutate 旋轉填壓 | 濃縮咖啡

旋轉填壓是一個相對新穎的詞彙，因2012年的世界沖煮賽（World Brewers Cup）冠軍──澳洲的麥特‧佩格（Matt Perger）而走紅，指的是一種咖啡填壓技巧。一般來說，咖啡師在填壓時會盡量順暢地、一次性進行水平下壓，將咖啡粉壓密實。然而，旋轉填壓背後的物理原則有點像在雪地上行走。當穿著傳統的雪鞋（長得像網球拍的那種），全身的重量──也就是力氣，會分散開來，不會過度壓在雪上。相較於此，旋轉填壓則像是穿著高跟鞋在雪地上行走，以較大的力量填壓咖啡粉餅，更為集中地施力。要做到旋轉填壓，咖啡師會一邊繞圓一邊旋轉地填壓。填壓器的一邊先壓在咖啡上，然後繞圓將剩下的填完，接著以水平填壓作結。此法雖然大多可以成功將咖啡粉壓實而達到均勻萃取，但是也非常有可能造成填壓不一致或是不平整。

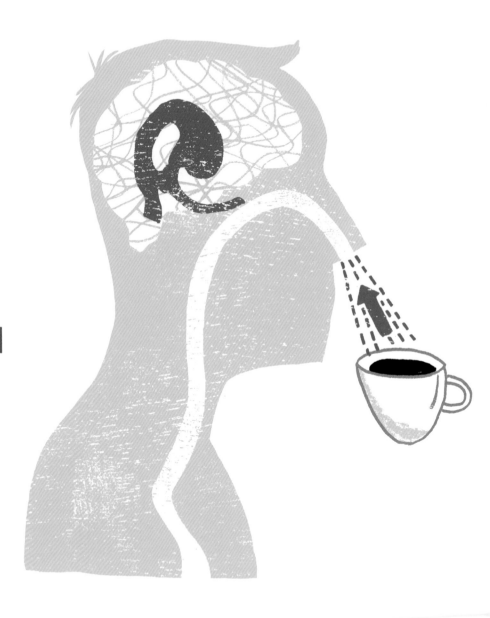

同步參閱
P109「生豆」
P124「印度」
P126「印尼」
P172「過季豆」

Old Brown Java 爪哇老布朗 | 陳年咖啡

判斷咖啡品質時，我們越來越重視生豆的新鮮度。像是我們看重的乾淨度、酸質、活潑度、甜度等，都是只有新鮮採收的豆子才擁有的特點，過了幾個月就會逐漸消失，咖啡風味也隨著時間變得木質而平淡。而爪哇老布朗，有點像風漬馬拉巴，卻打破了咖啡儲存的規則，刻意陳放且最長可至5年，期間咖啡的顏色從藍綠色變成棕色，最後這支咖啡會帶有刺鼻、木質的氣味，幾乎沒有酸質，不過仍有其市場。

Olfactory 嗅覺 | 風味

同步參閱
P97「風味調性」
P114「味覺」
P197「感官科學」

當我們吃吃喝喝時，嘴巴和鼻子同心協力，讓我們感受味覺和風味。只要在吃東西時將鼻子捏著，就會發現你預期的風味幾乎都消失了，因為事實上，我們稱為風味的東西，多半是由鼻子去感受的。我們鼻子的感受系統稱為嗅覺系統，而嘴巴則稱為味覺系統，負責感受甜、酸、鹹以及質地，像是乾澀。其他如視覺和聽覺也會是我們品嚐體驗的一部分，只是很常被人遺忘。嗅覺系

統無庸置疑是我們品嚐味道的最強王牌。我們嗅聞進而品嚐的能力，受許多因素影響，包含基因、年齡或是疾病，這可以解釋為什麼同樣的飲料，不同的人喝起來就有不同的感覺。人類的嗅聞器官算是精細的了，不過其他哺乳類——像是狗，更是具有超級嗅覺，比我們人類敏銳300倍。當我在很特別的咖啡裡聞到複雜的香水調性時，就常常希望能擁有我家狗狗露卡的鼻子。

Oliver table 奧立佛床

參閱P71「密度床」。

One-way valve 單向排氣閥 |包裝

同步參閱
P109「生豆」
P189「靜置」

當你用一包最愛的咖啡犒賞自己時，它可能曾被裝在一排排用各種材料做成的貨櫃裡，和不同的貨物存放在一起。咖啡一旦經過烘焙就會釋放出二氧化碳、氧化，於是開始變化、陳舊。大部分的咖啡包裝袋會有單向排氣閥，讓二氧化碳可以排出，同時防止氧氣進入。也有一些以紙袋包裝，僅簡略地將上方開口折起，風格簡約、外觀好看頗吸引人，不過相較於裝在單向排氣閥裡的咖啡，勢必氧化得更快。當然，附有單向排氣閥的袋子本身必須要能阻絕氧氣，通常內層塗鋁，近期也開始有植物成份的內層了。同時，也能使用氮氣充填以抑制袋子裡殘餘的氧氣。尤其是以錫罐承裝的氮氣充填包裝法，保存期限和咖啡的

新鮮度都能大大地延長。這非常吸引人，因為如此我們便有更長時間能享受到巔峰狀態的咖啡，不論是新鮮的生豆或是新鮮烘焙。

Origin 產地 | 來源

產地在咖啡領域已經是普遍使用的詞彙，但我認為有必要指出這個詞彙造成混淆的潛在可能。本質上，「產地」是個直接的詞，即咖啡的來源地：「咖啡從哪裡來的？」歷史上，咖啡來自許多國家後被混在一起，尤其是傳統的義式濃縮咖啡。而且很多時候，配方豆確切的組成是師傅的秘密。相反地，精品咖啡和「第三波」運動強調的是可追溯性和來源，追求描繪杯中飲品的源頭，將風味和咖啡的「故事」連結起來。

「單一產地」這個詞彙變得廣泛使用，而且在整個咖啡銷售產業越發被突顯。這個詞彙表示了品質，而且能引起飲用者的好奇心，去探索咖啡風味的可能性。不過技術上來說，從任何單一國家來的咖啡豆都能稱為單一產地，因為咖啡確實來自單一國家。而這樣的咖啡卻可能是從許多莊園而來，混雜著各式各樣的豆子。現在有很多精品咖啡烘豆師都有獨家單一產地的豆子，而且這裡說的單一產地越來越專精，指的是特定莊園所產某個特定咖啡品種。

同步參閱
P27「配方調配」
P79「濃縮咖啡」
P218「第三波」

同步參閱
P189「靜置」

Oxidation 氧化 | 儲存

氧氣是不可或缺的物質，卻也是保存期限的大麻
煩、食品敗壞的兇手。咖啡老化有兩種方式：喪
失香氣與氧化。氧化過程中，氧氣入侵，將電子
偷走。變黃變黑的水果就是氧化最顯著的例子。
雖然也有像是光和熱等其他影響咖啡陳舊的原
因，不過氧氣卻是大魔王。如果裝咖啡的容器可
以少裝進百分之一的氧氣，咖啡的新鮮度就能大
大地提升。鋁製容器可以形成非常優秀的隔氧
層，給予咖啡最長的壽命。使用氮氣充填和密封
容器，咖啡的保鮮期限可以達一個月、幾個月，
甚至幾年。然而，雖然咖啡的新鮮度可以在烘焙
完之後進行客觀的量測，但是它的最佳狀態，也
就是風味特色會在何時到達巔峰則相對主觀。

O

同步參閱
P35「波旁」
P77「薩爾瓦多」
P228「品種」

Pacamara 帕卡瑪拉 | 品種

帕卡瑪拉種品種的咖啡很大顆,現在越來越流行,由帕卡斯種(Pacas)和象豆瑪拉戈吉佩種(Maragogype)混種而來。帕卡斯種本身是波旁種的變種,源自薩爾瓦多,以該國從事咖啡種植歷史悠久的家族為名。同樣地,帕卡瑪拉種也來自薩爾瓦多,而且由於風味品質很高,現在已經成功在其他產地種植開來。帕卡瑪拉種不只大顆,還擁有很獨特的風味特色,我經常在其中找到花香、活潑的調性,還有很多巧克力和紅色水果的風味。

P
169

同步參閱
P35「波旁」
P64「卓越杯」
P105「藝伎」

Panama 巴拿馬 | 產地

巴拿馬在國際上的名聲無疑與藝伎種的成功和盛名大有連結,精品咖啡生產的最佳案例可能就在巴拿馬。這裡的莊園經常致力於將他們的作物分成一個個批次,所以即使在同一個莊園裡也可能出現不同的風味變化,這表示我們可以喝到來自同一塊土地上同一品種,但是以各種方式

處理的咖啡。這裡的莊園擅於打造很強的品牌形象，向國際市場行銷。翡翠莊園（Hacienda Esmeralda）便讓藝伎種聲名大噪，在最佳巴拿馬比賽（Best of Panama）中屢次以最高價將最高分的咖啡賣出，並在賽中多次拔得頭籌。博奎特（Boquete）和巴魯火山（Volcán Barú）的咖啡產區以生產頂級咖啡而聞名。然而，不光是藝伎種，其他品種如卡杜拉（Caturra）和波旁也在巴拿馬成功種植。

Paper 濾紙

參閱P55「凱梅克斯」。

Papua New Guinea
巴布亞新幾內亞 | 產地

巴布亞新幾內亞的咖啡越來越常見，不論是在進口商的杯測桌上，或是精品咖啡烘焙廠裡。這裡幾乎所有的咖啡都是小農種植的，而小農最顯而易見的潛在問題就是缺乏完善後製處理的資源。這項問題可以藉由合作社的形式克服——將所有生產者聚集在一起後共享資源和市場。然而，此產地目前仍屬於「充滿潛力」的階段：有些公司非常積極地幫助該國改善品質，也有許多人將目光緊盯著這個產地。此外，通常巴布亞新幾內亞被歸類在印尼產區，但是它的咖啡品質卻是獨一無

二的，這裡的好咖啡既乾淨又明亮，有著複雜的水果風味和奶油般的質地。

Parabolic 拱形溫室乾燥 | 乾燥

同步參閱
P145「機械式乾燥」
P186「棚架」

現在有很多類型的乾燥環境，可供收成後的咖啡進行乾燥，拱形溫室乾燥便為其中一種類似溫室或是塑膠棚頂的環境。如同所有乾燥、後製處理技術一樣，拱形溫室乾燥包含許多面向，每一個變因都會改變結果。拱形溫室乾燥和機械式乾燥一樣，都是雨量不穩定的國家經常使用的乾燥方式。畢竟塑膠棚頂有助於提供一個較易控制的乾燥環境。

Past crop 過季豆 | 陳年咖啡

同步參閱
P98「冷凍」
P103「當季豆」
P109「生豆」
P124「印度」
P163「瓜哇老布朗」
P189「靜置」

172

通常我們會覺得當季豆的味道比較好，但是究竟咖啡何時會被當成「過季豆」卻沒有明確的定義，而且某些特地陳年的咖啡是有其市場的，像是風漬馬拉巴和爪哇老布朗就是很好的例子。有趣的是，新鮮採收的咖啡喝起來也會有一點草味，以及尚未展開、生生的風味。所以雖然原則上要求新鮮，但是最理想的風味通常還是需要經過一段靜置時間（剛烘焙好的咖啡也是差不多的道理）。

乾燥較為不易的產地，咖啡會衰敗得比較快以致嚐起來像過季豆。廣泛使用的穀物袋（GrainPro Cocoons™）——用來裝生豆的塑膠袋，比起以

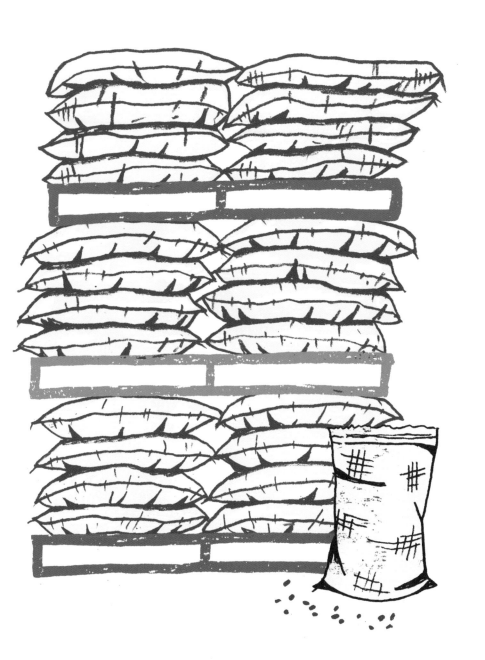

前已經大幅延長咖啡的壽命和品質了。但即使如此，一旦出口之後，生豆存放的環境對其衰敗的速度就有很大的影響，高溫和多變的濕氣都是問題。而且，就算咖啡店裡放了台美觀且能吸引客人的烘豆機，那裡卻不是存放生豆的好地方。因此，為了延長生豆的壽命，現在可以控制溫度和濕度的存放環境越來越普遍了。

Peaberry 圓豆 | 咖啡豆種類

同步參閱
P68「瑕疵」
P135「肯亞」

標示在包裝袋上或網路上的許多咖啡術語和技術定義，大量的資訊和某些關鍵詞彙常把人搞得糊里糊塗。圓豆就屬於這類詞彙。你可能會看到肯亞咖啡上標示著「圓豆」，而誤以為這是一種咖啡的品種。但是圓豆並非品種，且所有的品種都會產出圓豆。圓豆指的是在咖啡櫻桃裡出現的自然異常現象——櫻桃裡只孕育了一顆種子。一般而言，咖啡會同時長出兩顆種子，彼此接觸的那一面會是平的，也就是我們所熟悉的咖啡豆外觀。而圓豆因為少了一顆種子一起生長，形狀就變得整顆圓圓的。有一些產地（尤其是肯亞和坦桑尼亞）會將圓豆特別挑出來販售，但也有很多其他產地並不會這麼做，這就是為什麼你不會在每個產區都看到圓豆。比起同時收成的其他豆子，圓豆喝起來的確不一樣，造成差異的理論如下：（1）圓豆從櫻桃中吸收較多的養分；（2）圓形的豆子以及較高的密度，表示在烘焙時能更加均

P

匀；（3）圓豆通常必須經過仔細的挑選，表示它
比較不會有瑕疵。

Peru 秘魯 | 產地

秘魯是規模很大的咖啡產地，風味走向偏圓潤、
滑順，酸質較低，帶有較多堅果和巧克力調性。
在秘魯，有機認證和公平交易認證都相當普遍，
雖然這兩者並不等於高品質咖啡，而且許多有機
認證咖啡的價格仍然極度低廉。秘魯咖啡在精品
咖啡烘焙業界中並不常見，但是就像其他許多生
產國一樣，該國也有越來越多具追溯性、有趣的
咖啡了。

Phosphoric acid 磷酸 | 種植；品嚐

咖啡含有許多風味物質，其中一杯好咖啡最引人
入勝的元素就是酸質。但是咖啡裡出現的酸不一
定永遠都是好的，像醋一樣的酸質會被形容為醋
酸。應該說，我們追求的是酸的種類和結構，而
這些風味體驗都可以回溯並追究到咖啡豆裡特定
的酸。雖然後續的烘焙過程會改變這些酸，但是
在生豆中，這些酸的存在都是必要的。所有的咖
啡樹在進行光合作用時都會產生檸檬酸，但是磷
酸卻只能從其種植的土壤中取得。許多東非的咖
啡都含有磷酸，嚐起來帶有輕微氣泡感。

同步參閱
P89「公平交易」

同步參閱
P13「酸質」

Plunger 活塞式咖啡壺

參閱P101「法式濾壓壺」。

Portafilter 沖煮把手 | 濃縮咖啡

同步參閱
P23「濾杯」
P79「濃縮咖啡」
P239「秤」

沖煮把手也被稱為「手臂」（Braccio），英文字面上的意思就是「拿起一個濾器」。這個詞和「沖煮頭」（Group head）、「盛水盤」（Drip tray）一樣，都是義式咖啡機設計的必要部件，不論哪一家製造商都有。沖煮把手是盛裝濾杯的把手，就像義式咖啡機其他部件一樣，沖煮把手常見各式不同的設計和材質。此外，在沖煮時有一個專家級的小秘訣——在沖煮把手上加些許重量或是貼膠帶，讓多支把手的重量一樣，這樣在使用有多個沖煮頭的義式咖啡機時，就不必經常性地每一把都扣重。

Pour-over 濾泡式

參閱P104「完全浸泡」。

Pressure 壓力 | 濃縮咖啡

同步參閱
P13「愛樂壓」
P63「咖啡油脂」
P79「濃縮咖啡」
P149「摩卡壺」

濃縮咖啡是一種藉由壓力萃取的咖啡，但是壓力究竟對咖啡和飲品做了什麼？在高壓下萃取濃縮咖啡會將咖啡中的二氧化碳趕出來，最終變成濃縮咖啡上的那層咖啡油脂。壓力讓我們可以磨得更細，因為有足夠的力量可以讓水穿過研磨得極

細的粉，進而增加萃取程度。要是沒有壓力，水便會卡在粉餅中。試著以些微不同的壓力萃取咖啡，比方說七大氣壓力和九大氣壓力，針對風味進行比較也非常有趣。不過要找出確切造成其中差異的原因是很困難的，因為同一時間之下存在太多變數。

另一方面，壓力和磨豆機也有密切的關係：若是磨得太細導致水根本無法穿過粉餅，這時就跟壓力無關了。咖啡也許有其甜蜜點，但壓力卻是咖啡裡面許多難以解答的問題之一。其他像是摩卡壺和愛樂壓等沖煮方式一樣也會製造壓力，但是程度上小非常多。

同步參閱
P35「巴西」
P60「哥倫比亞」

Producing 生產 | 種植

一說到咖啡，世界就會被劃分成兩個國度——消費國和生產國。你是種咖啡的還是喝咖啡的？咖啡貿易歷史上，大多數咖啡的消費都發生在生產國以外。這是因為咖啡的價值在於其屬於出口商品，而諷刺的是高品質的咖啡價值都太高了，無法留在國內，所以國內能喝的只有次級品。不過這種現象已經開始改變，像是巴西和哥倫比亞經濟逐漸起飛且邁向現代化，與此同時當地咖啡文化也開始拓展，進而使得生產國國內的咖啡消費與日俱增。

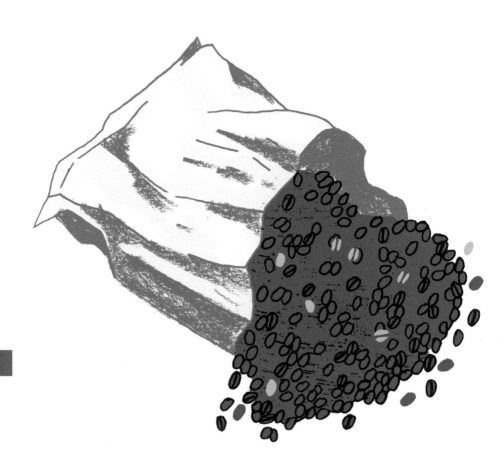

Q Grader 杯測師 | 認證

由咖啡品質協會（Coffee Quality Institute, CQI）
主持的杯測師認證，在咖啡產業最具聲望。這個
認證包含了長達一星期的密集課程和考試，測驗
個人品嚐和評鑑咖啡的能力。要成為一名杯測
師，必須通過22項個人測試。這些測試涵蓋所
有面向，從條列出測試的水裡面溶解了多少的鹽
巴和糖份，到常識測驗、咖啡評分。在精品咖啡
中，隨著產業的成長與成熟，認證也變得更加重
要。杯測師的認證不只可以使用在精品咖啡，也
能用於所有商業咖啡。另外還有羅布斯塔杯測師
（R Grader），專精於分級、了解羅布斯塔種和
其下面的分支。

Quaker 奎克豆 | 瑕疵

你是否曾經在豆槽裡或是一包熟豆裡看過，一堆
咖啡色的豆子裡混入了一顆顏色特別淺的？——
那就是奎克豆，而且你不會想要喝到它的。當採
收到不成熟的咖啡櫻桃時，裡面的種子就會變成

奎克豆。水洗處理法幾乎可以完全除去奎克豆，因為浸泡在水裡的時候，它們會浮在水面上。日曬處理法要挑出奎克豆就比較困難，所以當你看見奎克豆時，通常都是日曬處理法的豆子，這時就把它從你的豆槽裡或是袋子裡挑出來丟去堆肥堆，然後享用一杯比較好喝的咖啡吧。

Radiation 熱輻射 | 烘焙

烘焙咖啡的時候，基本上就是在烹飪豆子，而且就像是加熱食物一樣，烹飪咖啡的方式也有很多種。最常使用的兩個方式就是熱對流和熱傳導：藉由熱空氣（對流）或是用一個像是加熱鍋爐的容器（傳導），將熱能傳給咖啡。

當藉由不同的烘豆機嘗試不同的加熱方式時（比方說你可以使用一台以熱空氣為導向的烘豆機，也可以使用以加熱鍋爐為主的烘豆機），期間不同的過程將會改變烹飪咖啡的方式和其味道。烘得最快的烘豆機使用的是熱對流原理。至於這裡談到的熱輻射則較不常見，其原理就像家用微波烤箱。輻射讓食物中的水分子產生振動，加熱並將食物煮熟。特別有趣的是，豆子內部和外部同時受熱可能可以促使咖啡加熱更均勻。至今尚未有相關報告指出輻射加熱過程造成的風味差異，但是這項烘焙技術已經有越來越深入的研究，成果也漸漸豐富。

同步參閱
P202「種」
P120「蜜處理法」
P156「日曬處理法」
P214「風土」
P235「水洗處理法」

Raised beds 棚架 | 處理

咖啡櫻桃採收後，果肉會移除，而種子（咖啡豆）會乾燥。咖啡在出口前，含水量必須乾燥到12%。移除果肉和乾燥豆子有很多方式，整個過程都屬於「處理法」的一環。即使咖啡櫻桃成熟前在咖啡樹梢上待了九個月（依風土而異），後續這個相對短暫的過程卻對咖啡的品質和味道有著巨大的影響。

棚架可以用來乾燥豆子，此時豆子上可能還黏有不同程度的果肉。使用棚架的構想來自於藉由將咖啡離地加高，增加豆子周圍空氣的流動以助長乾燥的過程，讓豆子乾燥得更加均勻、可預測，如此一來進入發酵過程就比較不會出問題。因此，咖啡品質能夠越來越好也跟棚架有著極大的關聯。

同步參閱
P71「發展」

Rate of rise 升溫速率 | 烘焙

這個專業術語指的是豆子受熱時溫度的變化，描述豆子變熱的速度。咖啡專家兼作家史考特‧勞（Scott Rao）在咖啡的沖煮和烘焙方面都具有影響力，也是他讓「升溫速率」這個詞變得普及。他運用持續降低的升溫速率，達到了更佳的烘焙效果，意思是在一開始讓豆子很快地升溫，接下來的烘焙過程則變得比較慢。然而，這種做法需要一個很好的平衡，如果烘焙的熱一開始不夠，

導致豆子冷卻下來，那麼將變成「有煎烤味的烘焙」，喝起來平淡無奇。

Refractometer
濃度計／折射計 | 測試

同步參閱
P38「糖度」
P86「萃取」

濃度計（折射計）可以應用在很多產業，它是利用光的折射原理運作——名詞本身便說明了一切。將液體樣本放在裝置上，裝置會發射光線穿過該液體，量測液體內懸浮的固體如何讓光線折射，就是這個裝置的原理。換句話說，即藉由光線的折射率量測液體裡有多少固體。同樣的裝置也用於量測葡萄酒和水果的成熟度，以得知其中糖份含量。然而，在咖啡領域裡，它是用來量測最終的咖啡液體裡有多少咖啡物質。即便考慮量測結果的時候必須將前因後果一起考量進去，藉由濃度計還是可以讓我們對沖煮咖啡的過程有更進一步的認識。

Resting 靜置 | 新鮮

R

189

同步參閱
P109「生豆」
P164「單向排氣閥」
P167「氧化」

判斷咖啡是否新鮮很簡單：剛收成時最新鮮；烘豆師將剛烘焙完的咖啡下豆放在冷卻盤上，也是新鮮的高峰；新鮮研磨咖啡則是指研磨後立刻沖煮的咖啡。新鮮度基本上和品質有關。那麼，新鮮一定最好嗎？倒不見得。「新鮮最好」是一個概括說法，雖然正確卻不精確。即便一年半前採收的咖啡得分不會比上星期採收的高；昨天烘焙

的咖啡喝起來比一年前烘的好喝……但是大部分時候，極度新鮮的咖啡並非最理想——剛採收完的咖啡可能會「太生」，通常帶點澀感，缺乏甜度、酸質鬆散，因此最好的結果可能落在中間值。至於剛烘焙好的咖啡需要將二氧化碳排掉，而且通常要等烘焙完幾天後才會「展開」。事實上，依據咖啡本身和烘焙風格，風味的高峰可能可以維持很長一段期間，在某些情況下甚至可能長達3～6週。總之，烘豆師可以告訴你他們的咖啡何時是最佳品嚐狀態。

Reverse osmosis 逆滲透 | 過濾

這種過濾方式比起濾芯（離子交換濾芯），過程通常較為複雜且昂貴。在逆滲透系統裡，水藉由高壓穿過一層薄膜，最後得到兩種溶液——一邊幾乎不含礦物質，另一邊則是非常濃縮的礦物質溶液。大部分的人會使用「不含礦物質」的那邊，再將一點濃縮的溶液加進去。水質為軟水的地區，使用逆滲透來增加礦物質含量時有所聞。而水質非常硬的地方，除非經過蒸餾，否則逆滲透是唯一降低礦物質含量的方法。然而，逆滲透系統可能造成浪費，有時甚至會製造出高達50%的廢水，但是現在很多系統針對浪費的疑慮已經大有改進。將逆滲透應用在咖啡上時，要曉得這個系統就像濾芯型過濾一樣，只能控制最初拿到的水而已。現在針對再礦化（Re-mineralization）系統也有越來越多探討，而這些研究也能讓我們更

同步參閱
P38「緩衝」
P48「濾芯」
P236「水」

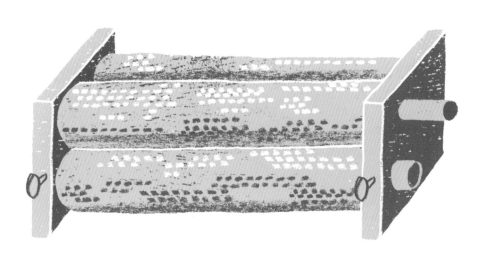

進一步掌控真正的水組成。

Ripe 成熟 | 採收

同步參閱
P35「巴西」
P38「糖度」
P189「濃度計／折射計」

一般認為，最佳成熟狀態的咖啡櫻桃裡，就有著最好的咖啡。但是在生產咖啡時，有時為了特定的風味走向，也會使用「過熟」的櫻桃。因此，也許最貼切的問法是：究竟成熟的咖啡櫻桃要具備什麼條件？最常見的是從櫻桃的外表作為成熟的依據。對大多數的品種而言，當咖啡櫻桃最為鮮豔紅潤之時便到剛好的熟度。轉紫、棕色便表示過熟了。雖然我們都同意成熟的咖啡櫻桃可以成就最好的咖啡，但是確切紅豔的程度，卻會因為品種而有所不同。所以現在比較常見到農民量測櫻桃的糖度，好幫助他們找到最理想的採收時間。手工採摘的好處就在這裡，不過若是利用現代科技為採收下來的櫻桃進行分類，也能帶來很好的結果。像在巴西這樣的國家，大台的牽引機會剃除咖啡樹上所有的小東西，接著才區分成熟、未成熟的櫻桃，像是使用壓力的分類機就能量測櫻桃的硬度。

R

193

Robusta 羅布斯塔種

參閱P202「種」。

同步參閱
P93「平刀」

Roller grinder

滾輪式研磨機 | 研磨

全世界的咖啡店或家家戶戶，最常見的磨豆機就是刀盤式的磨豆機。但其實研磨咖啡有很多種方式。砍豆式的研磨機最不受歡迎，因為它們將咖啡亂砍一通，磨出來的顆粒大小非常不均勻。而滾輪式研磨機在商業咖啡豆業者間則相當流行。想像兩根滾動的栓子表面佈滿了刺，相互咬合，咖啡在通過這兩根栓子的過程中被研磨成粉。滾輪式研磨機可以有多套滾輪，而且可以產生均勻研磨的咖啡，磨出來的咖啡粉顆粒形狀偏圓。

Rwanda 盧安達 | 產地

同步參閱
P64「卓越杯」
P68「瑕疵」

盧安達有能力生產高品質咖啡，充滿藍莓、花香風味，紅酒般的酸質和複雜度。盧安達在精品咖啡的世界裡算是新興國家，在過去，該國多生產商業豆，而且產量有限。除此之外，1990年中期該國的紛擾使其一直到2000年中期才有第一座水洗處理廠。在那之後，盧安達成了第一個、也是唯一一個舉辦卓越杯的非洲國家，而且這個產地的咖啡已經逐漸開始得到它應有的肯定。

R

194

Sensory science 感官科學 | 品嚐

我第一次真正接觸到感官科學的世界，是和牛津
大學實驗心理學教授查爾斯‧史賓士（Charles
Spence）的合作。基本上，除了真正的食物和飲
品之外，史賓士的研究包括了所有會影響我們味
覺體驗和感受的東西。這當中含蓋所有的細節，
像是餐具的重量、盤子的形狀、杯子的顏色或是
週遭的環境音。比方說，用白色的杯子裝咖啡，
你會感受到的濃度是用黑色杯子時的兩倍。有趣
的是，白色杯子裡的咖啡喝起來的甜感也比較
少。我們的飲食體驗如此複雜，實在非常令人著
迷。你喝過最好喝的咖啡究竟是單純好喝呢？還
是因為咖啡送上來的時候有適合的桌飾、適合的
顏色，所有一切適合你的設定呢？這也是為什麼
當我們在品嚐、評鑑咖啡的時候，需要一個同樣
的、乾淨、安靜，毫無偏見的環境。當然毫無偏
見的環境並不存在，所以一致性就成了關鍵。

同步參閱
P23「咖啡師」
P79「濃縮咖啡」
P239「世界盃咖啡大師賽」

Signature drinks 創意咖啡 | 比賽

在咖啡的世界裡，「創意咖啡」是世界盃咖啡大師賽的獨家詞彙。打從2000年這個比賽開始以來，創意咖啡就一直是除了濃縮咖啡、牛奶飲品以外，選手必須呈現的飲品類別。然而，其限制其實蠻寬鬆的，就像以濃縮咖啡為基礎的「調酒」一樣，不過這裡並不允許添加酒精（另外有個為此而生的比賽，稱為「咖啡烈酒大賽」〔Coffee in Good Spirits, CIGS〕）。

創意咖啡其中最主要的一個目標是不能蓋過咖啡的特色，而是要與其相配，去創造出一杯獨特的飲品，為其材料──當然，尤其是咖啡──錦上添花。這很困難，許多咖啡師選手得度過一個又一個難熬的夜晚探索一些難以下嚥的組合，直到破解密碼為止。咖啡師大賽的演出中，創意咖啡通常是最戲劇性的一項元素。

Silver skin 銀皮 | 種植；烘焙

同步參閱
P109「生豆」

咖啡櫻桃的中心，有兩顆咖啡種子緊靠在一起。這兩顆小小的種子被一層薄薄的、半透明的「銀皮」包在一起。再外層是羊皮層／殼，然後是櫻桃果肉。生豆處理、出口後，銀皮是唯一黏在種子上，一起「從原廠」輸出的。日曬處理法的咖啡會有比較多的銀皮，而水洗處理法的咖啡則較少。烘焙過程中，銀皮很輕易就會從豆子上脫落，變成類似「糠」的碎屑。在烘豆機空氣流動

的帶動下，烘焙過的銀皮會被吸引到烘豆機的集塵筒裡面。烘豆機裡的銀皮需要仔細清理之後丟棄。當我們在烘豆的時候，烘豆廠後面的煙囪也會有一片片細小如雪花般的銀皮飛舞而落。

Single origin 單一產地

參閱P166「產地」。

同步參閱
P23「咖啡師」

Slow brew 慢速沖煮 | 咖啡文化

你可能聽過「慢速吧台」（Slow bar），簡單來說指的是手沖咖啡吧，不過事實上，這個詞還涵蓋了更深一層意義。一般說來，慢速吧台賣的是一杯杯沖煮的手沖濾泡式咖啡。其核心理念是沖煮出有品質的咖啡，然而以服務和製作層面而言，也代表了一種對速食風氣的反動，畢竟這是現在許多咖啡館的特質。慢速吧台就是要花時間擁抱手沖一杯咖啡的儀式，見證沖煮過程、與咖啡師互動，甚至是單純坐在那裡稍作休息也好。不過顯然地，咖啡館的經濟來源多半還是仰賴快速的服務，但是一些咖啡館會將慢速吧台納入服務的一部分，提供顧客體驗，然後合理地要價。

Soil 土壤 | 種植

同步參閱
P15「咖啡農學」
P18「海拔」
P214「風土」

咖啡樹就像其他作物一樣，從土壤吸取養份。所以土壤會影響樹的生長模式，以及產出的咖啡。測量pH值（酸鹼值）、磷酸、氮氣、鉀的含量

都是幫助農民了解如何管理作物的關鍵推手。肥料也是討論土壤成份時須一起納入考慮的因素。就像陽光、溫度、海拔、品種和處理法一樣，土壤的成份只是從另一個觀點探討風土，而其確實也會大幅影響咖啡的風味特性。融合上述因素測量、管理土壤，有助於實踐卓越的咖啡品質。

South Korea 南韓 | 咖啡文化

同步參閱
P183「杯測師」
P185「熱輻射」

南韓對精品咖啡的熱衷可謂瘋狂，而且這樣的風氣估計只會越發蓬勃。比方說，南韓長期以來比起世界上其他地方有更多杯測師。普遍來說，烘豆廠通常是獨立或者較大的公司在運作，再由這些公司將熟豆批發到咖啡館、餐廳等。但是在南韓，咖啡店之間很流行各自烘焙自家的豆子，這股風氣讓南韓得以產出很棒的小型烘豆器材零件，比方說智烘（Stronghold）就是一款聰明的電能烘豆機，使用紅外線輻射和熱空氣進行烘焙。

Species 種 | 羅布斯塔和阿拉比卡

同步參閱
P18「海拔」
P18「阿拉比卡」
P228「品種」

野外有許多自然生成的咖啡種類，而所有的咖啡都源自非洲東岸。根據英國邱園（皇家植物園。Royal Botanic Gardens, KEW）的咖啡研究領導艾隆‧戴維斯（Aaron Davis）所言，馬達加斯加有著最多種咖啡。值得一提的是，直到1990年晚期戴維斯和他的團隊決定展開探索之前，當時記錄下來的所有咖啡種類還不及現在所知全世界咖啡的一半。現在飲用的咖啡豆幾乎全來自兩個

種：羅布斯塔和阿拉比卡。兩者之間，羅布斯塔被視為較劣等，種植在較低海拔，介於海平面和海拔300公尺（1000英尺）之間，有十足的抗病性，而且每棵樹的產量通常是阿拉比卡的兩倍。據估計，羅布斯塔佔全球咖啡種植的30%，不過也有人對這項數據提出質疑。此外，阿拉比卡的品質並非絕對頂尖，羅布斯塔表現超越阿拉比卡的情況也不無可能，但是羅布斯塔卻比不過頂尖的阿拉比卡豆。羅布斯塔經常和阿拉比卡一起混進配方裡，雖然當中含有許多品種，但是總括而言，羅布斯塔會讓你感受到較多苦味、較為厚重，比較不那麼「明亮」，水果調性也較少。而好的羅布斯塔則會呈現巧克力和榛果調性。

Spittoon 吐杯 | 品嚐

同步參閱
P65「杯測」

咖啡對大部分的飲用者來說，最主要的目的就是為了攝取咖啡因，這樣的說法並不誇張。然而諷刺的是，咖啡因卻會對咖啡專家造成負擔，尤其當飲用者的角色是負責品質控管，每天的工作就是要喝非常非常非常多咖啡的時候。因此，對大部分評鑑咖啡的人來說，習慣動作就是啜吸、將咖啡含在嘴裡、進行評估，然後吐掉。任何容器都可以作為吐杯，但當然若有專門為此目的設計的杯子還是最好。一個設計精良的吐杯其實可以很好看，雖然吐在裡面的東西完全不是那麼回事。將咖啡吐出來也有助於避免味蕾疲乏，沒有味道的蘇打餅乾是很好的味蕾清理工具，可以將嘴裡的

液體和油脂吸附起來。

Steaming 蒸奶 | 打奶泡

全球現代咖啡館現象受到濃縮咖啡和蒸奶的推動。比方說，澳洲咖啡文化便將蒸打奶泡昇華成一種精緻的餐飲藝術。相信我，對於初學者而言，第一次試著蒸打牛奶是非常困難的。首先你需要很強的蒸氣，很多玩家的牛奶打不好，都是因為機器蒸氣力量不夠，扼殺了他們的能力。將蒸氣棒的尖端放在冰牛奶表面偏下，稍微離開中心點的位置，然後開始蒸打。重點在於讓牛奶「擾動」、旋轉，並將奶泡鋼杯稍微往下移動吸入空氣，為牛奶打入泡泡。關鍵是要在短時間內進行發泡，讓牛奶不停地旋轉，並在牛奶變得過燙之前蒸打完，一旦超過攝氏60度（華氏140度），風味和奶泡的品質就會開始下降。要拉出好的拉花，前提就是牛奶要蒸打得好。

Strength 濃度 | 飲用

咖啡裡有幾個容易引人困惑的術語，「濃度」就是其中之一。最常見的誤解包括咖啡因和風味兩方面，咖啡因尤其難以解釋。要說明咖啡裡含有多少咖啡因，或者沖成咖啡飲品後的液體裡面有多少咖啡因，幾乎都是不可能的。此外，從技術層面的角度出發，另一個疑惑則是濃度和萃取的關係。很明顯地，如果你用了比較多的咖啡，沖

同步參閱
P79「濃縮咖啡」
P139「拉花」
P197「感官科學」

同步參閱
P41「咖啡因」
P79「濃縮咖啡」

煮出來的咖啡便可能含比較多的咖啡因，但是飲料的大小卻又會造成錯覺——濃縮咖啡味道濃郁強烈，然而它小小一杯，因此咖啡因含量很可能沒有比一大杯喝起來較淡的濾泡式咖啡來得多。至於在大多數商業豆包裝上的濃度指標也很有問題，因為對此並沒有一個認定標準。使用這些推測的濃度指標有各種涵義，可能是為了描述烘焙的深度，或是因為用了羅布斯塔豆而含有較高的咖啡因含量。最後，可能還要考慮到咖啡本身的產地以及咖啡豆的風味強度。

Sudan Rume 蘇丹汝媚 | 品種

同步參閱
P47「二氧化碳浸漬法」
P77「薩爾瓦多」
P228「品種」
P239「世界盃咖啡大師賽」
P245「萃取量」

蘇丹汝媚已經在咖啡產業出現一段時間了，業界蠻常用它來與其他品種雜交，以增進品質和抗病性。而因為採收率低，此品種本身的產量並不高。2015年，沙沙‧賽斯提克（Saša Šestić）用這個品種（再搭配上二氧化碳浸漬）拿下世界盃咖啡大師賽冠軍，蘇丹汝媚因此一舉成名。

咖啡品質現在受到前所未有的重視，所以產量多寡似乎也不再是重點了。蘇丹汝媚源自蘇丹的波媚高原（Bome Plateau），豐富的香氣、帶核水果的酸質以及甜感是其一直以來的特色。許多農民在美洲針對此品種進行實驗，並且得到令人興奮的成果，例如現在很流行的一支交配種「中美洲」（Centroamericano），便出現在薩爾瓦多。

同步參閱
P13「酸質」
P41「咖啡因」
P79「濃縮咖啡」

Sugar 糖 | 甜味劑

土耳其諺語說:「咖啡應該如地獄般黑暗,如死亡般強烈,如愛情般甜蜜。」對許多人而言,在咖啡裡加點糖已經定義他們對飲用咖啡的認知了。有些咖啡可能帶有天然的甜味,但是一般而言,咖啡喝起來會苦,加點糖能增添平衡度。糖就像咖啡因一樣有成癮性,通常一杯咖啡有雙重目的:提供咖啡因和糖份。一個人想要如何「打造」他們的咖啡,是很敏感的話題。而由於咖啡的風味非常複雜,加了糖卻不一定符合期望,也不一定好喝,於是事情就更複雜了。當我們在接觸分數較高的咖啡時,酸質變得越來越重要且複雜,苦味因此減弱,於是加糖這件事除了不再必要,更可能讓整杯咖啡失衡。如同葡萄酒,一杯精心製作的精品咖啡,本身就已經是完成品了。咖啡經由挑選、烘焙、不加糖的沖煮,最終形成平衡的方程式。另一方面,在較為傳統的義式濃縮咖啡世界,反之才是正道,咖啡的選擇和烘焙都會考量到加糖之後的風味,以達到平衡。

同步參閱
P114「味覺」
P163「嗅覺」

Super taster test
超級味覺者測試 | 品嚐

討論味覺和風味並不容易:我們必須跨越喜好和主觀,以及語言間的誤解,因為每個人不見得能用同樣的方式詮釋同樣的字,也不見得會聯想到

同樣的風味體驗。比方說,當說到「滑順」或「紅酒般的」,我們聯想到的是相同的東西嗎?雪上加霜的是,每個人的味覺分佈大不相同,也就是說,我們對於同樣的食物會有非常不同的體驗。這時超級味覺者測試就可以發揮效用了。

話說回來,超級味覺者測試這個名詞某方面來說容易引發誤解。這個測試是先拿一小張白紙放在舌頭上,然後將嘴閉上幾秒。你可能除了紙以外什麼也嚐不到,但也可能出現很劇烈的反應,像是臉因為噁心而扭曲,趕緊拿水漱口,甚至花上好幾個小時試圖擺脫那個味道。形成差異的元兇並不在於紙,而是來自對紙上化學物質的反應——丙基硫氧嘧啶(Propylthiouracil)。你的反應與舌頭上的味蕾數量有直接關係,有人極度敏感,有人幾乎毫無感覺。而這也與我們對於苦的敏感度直接相關。切記,雖然嗅覺對品嚐至關重要,超級味覺者測試並不會測量我們鼻子的能力。每個人的「鼻子」自然有很大的不同,那麼味覺也跟基因有關嗎?嗯,不是的。雖然的確有基因差異,但是辨識各種食物,從咖啡到起司的味覺能力,卻是一項以經驗為基礎的技巧。在養成辨識咖啡差異的能力之前,必須要先評估、品嚐許多咖啡,進而建立起「味覺資料庫」。另外,對於像是糖的敏感度,已經證實可以經由學習而來,且會隨著時間而改變。所以現在你應該可以理解,品嚐是一門非常困難的學問。

同步參閱
P64「卓越杯」
P89「公平交易」
P140「葉鏽病」

Sustainability 永續性 | 種植；交易

永續性一詞的涵蓋面很廣泛，「從種子到杯子」過程中很多面向都需要考慮到永續性。終極的永續性須兼顧經濟和環境，若用較為環保的方式種植某種作物，但是卻失去以此賺錢維生的能力，那麼便不能永續，反之亦然。從經濟角度來看，精品咖啡如卓越杯體系便是致力為農民提供更多的賺錢動機，追求更高的咖啡品質。公平交易認證則專注於讓商業咖啡成為更永續的作物。現在有太多生產國因為無法藉由種植咖啡得到永續經濟，便捨棄咖啡改種其他作物，令人憂心忡忡。

另一方面，在農業上也有其他永續性的問題——葉鏽病會損害作物，使得採收咖啡的經濟效益低落。氣候變遷使得種植環境改變，疾病增加，進而導致同樣的問題。此外，發展中國家的勞力成本增加也連帶威脅到生產。這時也許科技可以幫得上忙。通常所有生產國都會面臨一大串複雜的議題，因此有不同的組織和體系去應對。即便有時候每一個國家會遇到的挑戰都很獨特，但是就各方面來說，我們仍需要持續關注永續問題。

Syphon 賽風

參閱P227「真空壺」。

Tamping 填壓 | 濃縮咖啡

同步參閱
P79「濃縮咖啡」
P86「均勻」
P86「萃取」
P161「旋轉填壓」

填壓就是使用填壓器（即一個加上把手的平面圓形金屬盤）將咖啡粉填進濾杯後壓實。這項技術是製作濃縮咖啡時的一個環節。至於究竟填壓做什麼呢？目標就是要讓加壓的水能均勻地穿過咖啡粉床，帶出所有咖啡粉裡的風味。看看機器的出水，就像蓮蓬頭一樣有多條水流，而我們並不希望水就直接這樣穿過咖啡，所以藉由填壓來製造阻礙，讓水積在咖啡粉上方，像一盤水，接著當水無處可去後便穿過所有的咖啡粉。

然而，人們對於填壓有一個普遍的誤解，就是填壓會對萃取造成劇烈地影響。填壓的確會改變咖啡粉層的結構，進而影響萃取的均勻程度，但是比如你的粉磨的非常粗，那麼將無法萃取出足夠的咖啡風味，這時就算用力填壓也於事無補。

Temperature 溫度 | 熱和冷

同步參閱
P98「冷凍」
P214「風土」

在「從種子到杯子」的過程中，我們都能夠見證並品嚐出溫度對各個階段造成的影響。在農場或

是風土中，海拔高度造成的溫度變化便會改變咖啡樹的種植環境，並且在處理咖啡的乾燥階段扮演關鍵角色。同時，溫度也影響著咖啡倉儲和有效期限。烘焙就更不用說了，基本上就是以不同方式提供不同程度的溫度。此外，大多數人在沖煮咖啡時也會體會到溫度的影響——我們用來沖咖啡的水溫會影響風味。你可能聽過人家說不要用沸騰的水沖咖啡，因為可能會「燙傷」咖啡。好建議，但是可能會造成誤解。沖咖啡時我們是在溶解咖啡，而不是烹煮，水溫會影響的是咖啡最終釋放出的物質——也就是風味。如果要燙傷咖啡，也只會在烘焙過程中發生而已。

Terroir 風土 | 種植

風土一詞經常用在葡萄酒，源自法文的「土」，即「土地」。意指組成作物種植條件的種種環境因素，用來形容在源頭影響作物的各式要素，其中也包含人為影響。風土也是每一特別批次作物其背後的故事。我認為將之用在咖啡上亦非常適合，因為這也是一個涵蓋了許多面向的詞。產地中不同的元素聚集起來，就會帶來巨大的影響，並且在咖啡進行烘焙和沖煮前便已描繪出其風味輪廓。換句話說，風土包含了咖啡的種植、土壤、氣候、採摘、處理，其中每一個要素都各自存在著複雜的內在世界，卻又無法演獨角戲。

同步參閱
P15「咖啡農學」
P18「海拔」
P56「氣候變遷」
P201「土壤」
P228「品種」

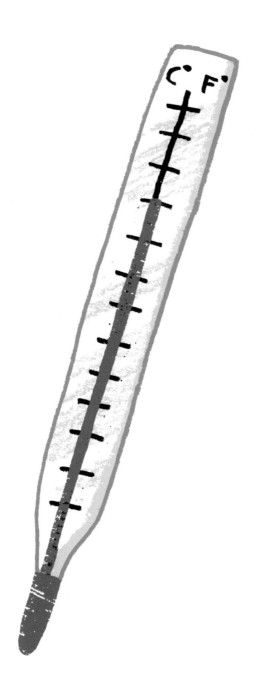

同步參閱
P109「生豆」

Thermodynamics 熱力學 | 科學

這個詞之所以出現在這本字典裡，是因為我和一位化學家進行了幾項咖啡計畫。我想，就算說咖啡世界裡大多數發生的事都和熱力學有關，應該也不為過。一個展現熱力學的實例就是大自然裡溫度的改變會如何造成物理變化，造成所謂的「相變」（Phase changes）。然而廣泛而言，熱力學就是「能量的移動」，宇宙間每一個物理過程都包含在內。咖啡裡就有許多例子是在人類進行加熱或冷卻後，進而發生了相變。冷凍生豆就是使用熱力學去延長咖啡的壽命；烘焙則體現了熱力學複雜的過程，其中包含化學物質裂解，同時產生許多風味豐富的副產物；最後是沖煮，我們利用熱來改變萃取的結果。說真的，這實在蠻酷的。

Third place 第三空間 | 咖啡文化

家是「第一空間」，辦公室是「第二空間」，而許多作家都撰寫過「第三空間」，其中最有影響力的就是美國都市社會學家雷・奧登伯格（Ray Oldenburg）《絕對的地方》（The Great Good Place，1989）一書。奧登伯格提出，第三空間對文化社會、民主國家和地域感很重要。第三空間應該要是一個平等的空間（無關社會角色或地位），在該空間中，主要的活動就是對話，而且

不論常客或新客都能輕易走進去。咖啡館便可以成為具有十足效益的第三空間。其他還有如健身房、公園、酒吧。

「咖啡館」經常會被劃分在一個單一、龐大的類別裡，但是以咖啡為主的空間實在太多變了，而且當中隱含著許多不同的解讀。我認為許多咖啡館提供的是一個純粹的第三空間，有些咖啡館會融合第二空間（辦公空間），有些則是以販售商品或是提供用餐體驗為主。

同步參閱
P79「濃縮咖啡」
P124「獨立咖啡館」
P166「產地」

Third wave 第三波 | 咖啡文化

咖啡文化中的「第三波」概念其實有點爭議，畢竟試圖將一個複雜的現象概括地做總結，通常不會太成功。「第三波」這個詞是咖啡業界專家崔蘇·羅斯格（Trish Rothgeb）所創，並且經由他人發揚光大。這是個以美國為中心的詞，不過其背後主要的概念是在形容咖啡的改變途徑，因此也適用於全世界的文化。

「第一波」是咖啡的商業化階段，主要是指即溶咖啡創造出的大眾市場。「第二波」是大街小巷裡咖啡館的崛起，像是「星巴克」（Starbucks）。這個現象發生在1960年代的美國，當時引進義式濃縮咖啡為基底的飲料文化後，開啟了商機。「第三波」指的是對咖啡有較高的飲用鑑賞，需要重視風味的細微差異、起源和過程。常有人提到「第四波」是什麼？會發展

成什麼樣子？老實說，我認為未來精品咖啡所有的運動，都會是更加深入地去探索第三波的一切特徵。太咬文嚼字地去使用任何一個定義產生的問題，就是現在第三波成了所有獨立咖啡館運動的標記。然而，現在大部分的獨立咖啡館都專注在「新鮮」或是「手藝」的概念，而非真正地去探索咖啡的飲用鑑賞。

Turkish coffee

土耳其咖啡 | 沖煮；咖啡文化

土耳其咖啡有時被稱為「伊芙莉克咖啡」（Ibrik coffee），指的是源自土耳其一種典型的咖啡製備風格。這個沖煮法使用的咖啡粉較細，刻意希望煮出有一點粉感的咖啡。實際使用的沖煮參數變化不一，主要原則就是使用土耳其壺（cezve，一種咖啡壺，西方人稱作伊芙莉克壺）將咖啡和水放在一起燉煮，通常會加糖，但沒有一定。咖啡可能會經過一次或多次煮到接近沸騰，取決於飲用者喜好的味覺感受。接著咖啡會從一定的高度倒下，使表面產生泡泡，細粉得以沉在杯子底部。這也是少數不使用濾紙的咖啡沖煮方式。雖然通常沖煮精品咖啡時並不常用此法，但並非辦不到，只要正確了解、控制溫度，這個方法也能達到極好的萃取，醇厚度飽滿且風味複雜豐富。

同步參閱
P56「乾淨度」

Typica 鐵皮卡 |品種

身為現代咖啡品種的祖父等級，十七世紀咖啡正開始紮根時，鐵皮卡便隨著荷蘭人在全球航行。現在的變種和基因選出的品種很多是源自鐵皮卡，雖然這些培育種的產量很多都比鐵皮卡高，但是你會發現在全球各種品種的咖啡作物中，鐵皮卡的產出品質仍屬之中的頂尖佼佼者。這個品種的咖啡通常很圓潤、乾淨，而且帶甜。

T

同步參閱
P114「味覺」
P163「嗅覺」

Umami 鮮味 | 品嚐

鮮味是五項基本味覺之一，另外還有酸、甜、苦、鹹。味覺主要發生在口腔（味覺系統），相對於此的則是鼻腔（嗅覺系統）。鮮味一詞源自日本，承蒙化學家池田菊苗（Kikunae Ikeda，1864-1936）所發現，而從日文直接的翻譯便是「美味」。

鮮味有其特定的味覺接受器，使得科學家將鮮味定義為一個獨特的味道。有關鮮味的具體描述是：令人感到愉悅、鮮美的味道，而且餘韻很長。但是如果單獨品嚐或是濃度太高，沒有足夠的鹽巴去平衡，那麼嚐起來反而令人不悅。鮮味可以改善低鈉食物，像是湯的味道。許多食物製造商使用穀氨酸（即味素，鮮味的來源）來添加鮮味，讓產品更美味。然而，我們無法在一杯好的咖啡中大量喝到這種鮮美的味道。當鮮味太強烈，通常會讓人聯想到肉味或是肉汁，但是如果只有一點點，則能增添複雜度和豐富度。

同步參閱
P32「波士頓茶葉事件」
P217「第三空間」
P218「第三波」

United States of America

美國 | 咖啡文化

就總量來說，美國是全世界最大的咖啡消費國（芬蘭的人均消費則為全球最高）。在美國，咖啡的供應和體驗模式是全方位的，從快速、便利、便宜可續杯的餐館咖啡，到追求精品咖啡品質的名店都有。因此，要將這個國家的咖啡文化擺進一本小字典的分類裡絕非易事。也許最好的方式是提一些貫穿整個國家的獨立咖啡文化。西雅圖是「星巴克」（Starbucks）的起源，這種咖啡館模式已經遍佈全球，並具有廣泛的影響力。此外，第三波和第三空間的概念都是在此成形。而且，自從重大的波士頓茶葉事件以來，咖啡對於該國文化無疑已經是不可或缺的消費品了。

同步參閱
P55「凱梅克斯」
P104「完全浸泡」
P227「真空壺」

V60 V60濾杯 | 沖煮

日本品牌「哈里歐」（Hario）的這款沖煮產品實在非常成功。就像賽風真空壺一樣，V60已經是最知名的一款濾杯了。大部分V60類型的器材，基本上就是底部開了一個洞的錐狀濾器。濾杯裡放上濾紙後，放在一個下壺或是杯子上方。在濾杯裡放進咖啡粉後，將熱水由上注入，水便穿過咖啡和濾紙。這個方式既簡單又非常講求手感，需要技巧，尤其是該如何將水注入，成了左右風味的關鍵。V60有獨特的導流線，但是真正成就不凡之處在於它的專用濾紙，比起使用其他濾紙沖煮出來的味道更好。

Vacuum pot 真空壺 | 沖煮

同步參閱
P86「萃取」
P179「壓力」

提到真空壺，最常見的產品名稱是「賽風壺」。賽風壺其實是日本品牌「哈里歐」（Hario）設計的一款特殊真空壺，但是就像英國和愛爾蘭的「胡佛吸塵器」（Hoover）一樣，這個產品名已經成為該器具的代名詞了。濾泡式咖啡中，沒有比賽風壺更具有戲劇效果的了。最常聽到人們

拿學校的科學實驗來比較，最近則又因為電視劇〈絕命毒師〉（Breaking Bad）大紅而形成話題。外觀上，真空壺有兩個玻璃壺上下交疊，最下面為熱源。將水放在下壺中，依據不同的設計，兩個壺中間可能裝有濾紙、濾布或是玻璃濾器。加熱時，水在下壺受熱，壓力增加，使得到了關鍵時刻熱水便往上壺移動。接著將咖啡倒入上壺中，依使用者喜好決定浸泡時間。當熱源移除，下壺形成真空狀態便開始將咖啡往下抽取，而粉渣則會留在上壺。這個沖煮方式的溫度曲線為反向，意思是由於咖啡在水面上產生的隔絕效果，沖煮的溫度在萃取中會越來越高。這也是真空壺的缺點，若沖煮太久，便很容易萃取過度。反之，若運用得宜，這個沖煮方式可以沖煮出風味令人愉悅的咖啡，同時還能提供一場充滿戲劇效果的沖煮秀。

Variety 品種 | 種植

多樣化是生命的調味料，而咖啡便具有非常充足的品種多樣化。咖啡裡的「品種」指的是亞種，由羅布斯塔種和阿拉比卡種兩個我們主要種植的咖啡豆種而來。阿拉比卡種下有非常多亞種，每一種都有獨特的風味走向。然而，由阿拉比卡自然產生的亞種，以及藉由農業、園藝手段培育出來的培育種，兩者並不相同。世界上，幾乎所有種植中的咖啡都是培育種，只是這兩個詞已經被

同步參閱
P35「波旁」
P51「卡斯提優」
P105「藝伎」
P166「產地」
P169「帕卡瑪拉」
P209「蘇丹汝媚」
P222「鐵皮卡」

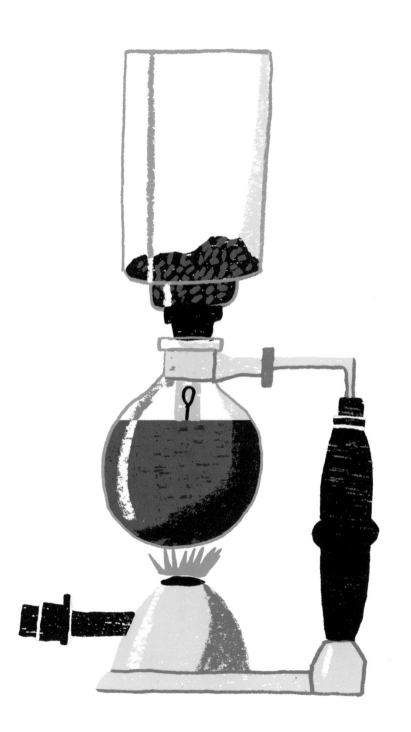

交互使用慣了。品嚐在兩個條件大不相同的國家中種植的同一品種非常有趣，藉此也可再一次突顯出一杯咖啡的風味會受到多少因素影響。

Vietnam 越南 |產地

越南是世界上僅次於巴西的第二大咖啡生產國，而幾乎所有的產量都是羅布斯塔種。不過，當地還是有種植阿拉比卡的混種卡帝姆（Catimor），同時也因為希望有較高品質的產出而開始種植越來越多阿拉比卡。就像巴西一樣，越南的生產對全球咖啡價格有很大的影響。參觀過這個國家後，我發現越南咖啡最有趣的地方在於它的製備和飲用方式。當地沖咖啡的時候會使用一個小型單人份的金屬濾杯「滴滴壺」（Phin），是先將咖啡浸泡後再過濾到杯子裡。此外，越南人習慣在咖啡裡加煉乳，而且通常會再加上冰塊，最後的咖啡通常非常甜、濃郁、厚重。

Volatiles 揮發物質 |品嚐

咖啡的風味組成包含揮發物質和非揮發物質。許多香氣都是揮發物質，換句話說就是香氣較容易一溜煙地就不見了。熟豆會散發出揮發物質，研磨咖啡時，這個揮發過程會加速，所以香氣會很濃，如果咖啡在研磨時受熱，揮發的程度就會更加劇烈。加了熱水之後會散發更多揮發物質。基於這些香氣加上氧化作用，就能知道為什麼新鮮

同步參閱
P35「巴西」
P41「咖啡期貨」
P202「種」

同步參閱
P98「冷凍」
P140「咖啡36味聞香瓶」

的咖啡如此重要。許多先進的研究和包裝設計就是為了保存揮發物質，抓住它們不讓它們逃走。

同步參閱
P79「濃縮咖啡」

Volumetrics 定量(容量) | 沖煮

定量機在沖煮咖啡時具有控制出水量的能力，而半自動義式咖啡機也多半具備這樣的功能。此功能背後的機制是以量為基準，而非時間。量的計算則是由機器內一個像是彈片的小型裝置負責。注入的水會先通過彈片，所以定量的時候其實就是設定彈片要轉幾次。這個系統可以非常精確，但是卻不一定等於可以萃取出劑量一致的濃縮咖啡，因為你在水通過咖啡之前就先設定好了，所以也得將咖啡本身會吸收多少水一併考慮在內。如果要使用的咖啡粉沒有事先秤重，或是磨豆機不一致，那麼定量機並沒有辦法提供前後一致的萃取劑量。「使用重量的定量」（Gravimetrics）則是新的用語，指的是在機器的盛水盤內建有秤，如此就能測量出萃取劑量的重量。只要充分掌握操作技巧，兩個系統都有助於萃取出一致的濃縮咖啡。

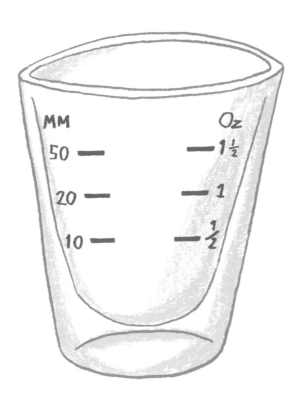

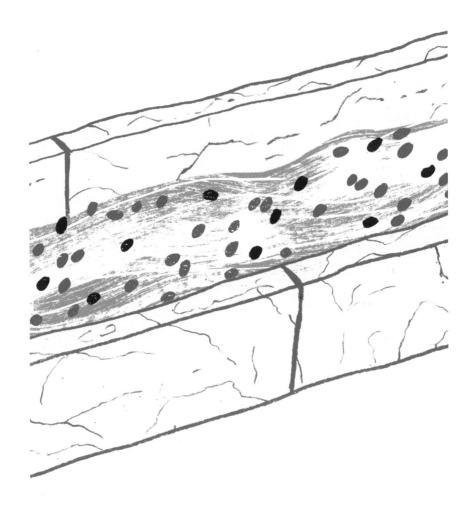

同步參閱

P68「瑕疵」

P90「發酵」

P145「機械式乾燥」

P151「果膠／黏膜」

P156「日曬處理法」

P186「棚架」

Washed process

水洗處理法 | 採收

水洗處理法在精品咖啡的世界裡佔據重要地位，名稱由來是因為在處理過程中使用了大量的水，然而這個過程就和其他處理法一樣，有很多變化。廣泛來說，水洗處理法包含了以下步驟：首先，先去果肉，新鮮收成的咖啡櫻桃通過一個類似齒輪的滾動裝置，將果皮和大部分的果肉移除。這時候，豆子仍包覆一層黏膜。接著，咖啡會在一個裝滿水的水槽進行發酵，將剩下的黏膜移除。在這個階段裡，「壞的」咖啡會浮在水面上並且被移除。最後，咖啡豆進入乾燥階段。

乾燥可以透過很多種方式，像是日照乾燥或機械式乾燥。相較於日曬處理法，受到控制的發酵和乾燥過程，讓生產者對於品質和瑕疵能有更多掌控力。水洗處理的咖啡通常帶有較為明顯、確切的酸質。此外，發酵過程的變化對咖啡會有很大的影響，比方說肯亞咖啡經歷二次發酵，所以通常有著活潑的水果調性和複雜的酸質。處理過程

中微小的改變都會造成驚人的影響，這也讓我們持續都有新發現。

Water 水 | 沖煮

同步參閱
P38「緩衝」
P86「萃取」

水是咖啡安靜又難以捉摸的夥伴，沒有水你沖不出咖啡，而且水成份裡些微的不同就會大幅改變咖啡的風味。近年來水的重要性又重新被提起，整個咖啡社群對於水想要有更多了解。一直以來大家都知道水質很重要，但是現在我們想知道它究竟會如何確切地影響風味。切記一個重點，好喝的水不見得能沖出好喝的咖啡。碳酸氫鹽含量讓名牌瓶裝水喝起來柔順無比，卻是咖啡酸質和甜感消失的罪魁禍首。關鍵在於，要將水視為一種溶劑，並且思考它如何作用。就像咖啡裡最重要的元素是風味一樣，水最重要的三項元素是鈣、鎂和碳酸氫鹽。所有咖啡的烘焙都有其因應的水——也就是用來品嚐、對烘焙和咖啡進行品質管控的水。如果你對此很感興趣，可以購買礦物質「製造」你專屬的水。也有很多人喜歡嘗試使用不同的瓶裝水，甚至在不久的未來，以沖煮咖啡為目的的改良型濾水系統也可能會流行起來。此外，水的另一項重點在於它對機器的影響。水質中度到硬水的地區，經常遇到水垢堆積的問題，這對義式咖啡機細小的零件會造成破壞。另外雖然較少見，酸性水有可能會造成腐蝕金屬的問題。總而言之，水對於咖啡有著極大的影響，但卻經常容易被人遺忘。

同步參閱
P79「濃縮咖啡」
P232「定量」

Weighing scales 秤 | 沖煮

現今在精品咖啡沖煮的過程中，秤的使用已經變得非常普遍。你可能很難相信，在幾年前，量測確切的重量或比例被視為是很極端的手法，所以當時並不多見。雖然如此，濾泡式咖啡運用秤來輔助沖煮卻已有很長一段時間，很有可能是因為比起濃縮咖啡，濾泡式使用起來簡單許多。拿糕點烘焙來比較就很清楚，食材之間精準的比例對於成功的糕點烘焙有巨大的影響，咖啡也是一樣，目測的效果就是差強人意，例如不同粗細度的咖啡粉體積就不一樣大，悶蒸咖啡可能會讓你搞不清楚水量。所以有一組好秤，可以快速讀取、測量到小數點後兩位數，將能帶來很不一樣的成果。有趣的是，一開始精品咖啡運動之所以遠離「量化」是因為不想感覺只是在「按按鈕」，但是現在我們使用秤來測量粉量和每份濃縮咖啡的重量，最後發現若有事先安裝好的按鈕，其實還蠻實用的。

同步參閱
P23「咖啡師」
P79「濃縮咖啡」
P198「創意咖啡」

World Barista Championship 世界盃咖啡大師賽 | 比賽

第一屆世界盃咖啡大師賽於2000年在蒙地卡羅（Monte Carlo）舉行，在那之後這個比賽不斷精進，成為精品咖啡社群不可或缺的一環。起初我參加咖啡大師賽時，很多人似乎感到難以理解，

W

239

覺得我很奇怪。不過,隨著咖啡師的角色與咖啡的複雜度得到越來越多人的認同,人們對比賽的反應也徹底轉變了,而且是變得更好。

世界盃咖啡大師賽是以濃縮咖啡為主的比賽,舞台上每一位選手的「演出」之間會播放自己選擇的背景音樂,並且圍繞著一群評審。這項賽事儼然已成為一個出色的平台,不僅是咖啡師角色本身,甚至是整個咖啡世界中的各種要素都能在此展現。頂尖選手的演出成為社群間討論的話題,推進、開闢創新與探索。直到我寫作的當下,賽制大致已成定格:咖啡師必須在十五分鐘內,製作12杯以濃縮咖啡為基底的飲品——4杯濃縮咖啡、4杯牛奶飲品、4杯創意咖啡。不過,這個比賽為了反應不斷進步的咖啡世界,仍在持續地改變與進化。

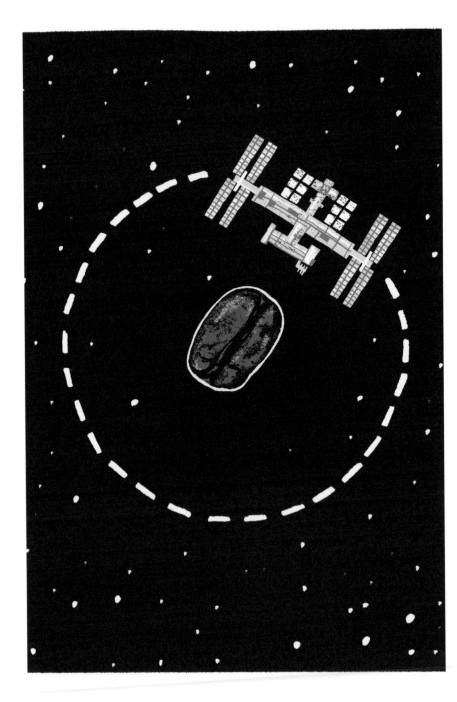

同步參閱
P13「愛樂壓」

Coffee X 咖啡X | 太空咖啡

「咖啡X」是羅德島設計學校（Rhode Island School of Design）領導的一個設計計畫，致力於創造出完美的沖煮器材，以達成在國際太空站上沖煮一杯美味咖啡的目標。這個計畫在設計上使用愛樂壓，利用水袋和密閉容器試圖解決在無重力環境下空間和操作上的障礙。順帶一提，知名義大利咖啡廠商「樂維薩」（Lavazza）則是生產了可用於航太操作的咖啡沖煮系統，使用的是咖啡膠囊技術、強化的水管，以及利用吸管汲取的容器。坐在太空裡喝著一杯新鮮沖泡的咖啡俯瞰全世界，一定很不得了。

Yemen 葉門 | 產地

同步參閱
P80「衣索比亞」

現在要獲得葉門種植的咖啡非常困難。但它曾是衣索比亞之外第一個咖啡種植地，那時葉門是生產者連結東西方的貿易樞紐，摩卡港（Port of Mocha）更是必經之地。

葉門咖啡賣出時多半使用摩卡之名，而就像衣索比亞咖啡一樣，葉門咖啡透過日曬處理法，有著充滿野性和水果的風味。葉門長期缺水，使得它所有的咖啡都是使用日曬處理法，典型地在屋頂上進行曝曬。優良的葉門咖啡有著驚人的獨特風味——非常深沉的果乾和紅酒酸質。但是要從葉門取得咖啡的可追溯性非常非常困難，市場需求又高，再加上該國不斷的政治紛擾和乾燥的氣候，只有少部分土地適合生長作物，因此你就知道為什麼要找到好的葉門咖啡是一大挑戰了。

Yield 萃取量 | 術語

同步參閱
P36「沖煮比例」

所謂萃取某物，是指經由一個過程將其中的部分物質生產或製造出來。這個詞在咖啡裡很實用，

Y

它簡化了一連串很複雜、令人感到困擾的語言。比方說，當我們在討論咖啡的重量時，指的到底是咖啡粉的重量？還是最後飲品的重量？甚至更深奧一點，我們講的可能是最後溶解於飲品裡的咖啡重量。因此，我們使用「萃取量」一詞，來指最後的那杯咖啡飲品。一般的沖煮參數通常也都會包含兩個重量：粉量和萃取量。總之，萃取量指的就是沖煮出來的飲品重量，包含水和溶出的咖啡。

Zambia 尚比亞 |產地

同步參閱
P35「波旁」
P68「剛果民主共和國」
P239「世界盃咖啡大師賽」

尚比亞位在非洲南方，鄰近多個咖啡生產國，像是馬拉威、坦桑尼亞、剛果民主共和國。幾個充滿潛力、前途無量的非洲國家都還未充分開發，尚比亞就是其中之一。該國50%的咖啡是波旁種，而且有能力生產出優異的咖啡品質。同時，當地也有種植品質相對而言較差、抗病性卻好很多的卡帝姆（Catimor）。

咖啡一直到1950年間才引進尚比亞，所以其咖啡產業相對年輕，產業特色是大型莊園和出色的科技。咖啡品質較低的原因可能出於典型的障礙，例如內陸國運輸、缺乏水洗處理法資源、貿易關係劣勢等問題。有組織致力於改進當地咖啡品質，而且尚比亞也經常有選手參加世界盃咖啡大師賽。優良的尚比亞咖啡會有多層次的甜水果調性以及花香質地。

中文索引

V60濾杯 V60 227

1劃
一爆 first crack 93

2劃
二氧化碳 carbon dioxide 28, 67, 164, 179, 190
二氧化碳浸漬法 carbonic maceration 47–8
刀盤式磨豆機 burr grinders 93–4, 193–4

3劃
下午茶 fika 90, 159–61
土耳其咖啡 Turkish coffee 221
土壤 soil 201–2, 214
大衛・史傳格 Strand, David 129

4劃
中國 China 55–6
公平交易 Fairtrade 89, 176, 212
化合物 compounds 76
升溫速率 rate of rise 186–9
厄瓜多 Ecuador 77
巴布亞新幾內亞 Papua New Guinea 171
巴西 Brazil 35–6
巴拿馬 Panama 169–71
日本 Japan 133
日曬處理法 natural process 156–9
水 water 236
　　日曬處理法 natural process 156–9
　　水洗處理法 washed process 235
　　多鍋爐 multi boiler 151–2
　　完全浸泡 full immersion 104
　　定量（容量）volumetrics 232
　　流速 flow rate 98
　　真空壺 vacuum pot 227–8
　　逆滲透 reverse osmosis 190–1
　　通道效應 channelling 52–5
　　填壓 tamping 213
　　緩衝 buffer 38–9
　　壓力 pressure 179–80
水洗處理法 washed process 235
爪哇老布朗 Old Brown Java 163
牙買加藍山 Jamaican Blue Mountain 133
牛奶 milk：卡布奇諾 cappuccino 43–4
　　白咖啡 flat white 94

拉花 latte art 139–40
蒸奶 steaming 206
世界盃咖啡大師賽 World Barista Championship 239–40, 247
包裝 packaging 164–5, 231

5劃
北歐 Nordic 159–61
卡布奇諾 cappuccino 43–4, 94–7
卡密里歐・馬力尚德 Marisande, Camilio 47, 83
卡杜拉 Caturra 32, 52, 171
卡斯提優 Castillo 51–2
去咖啡因 decaf 41–3, 67
史考特・勞 Rao, Scott 186
史塔克費萊斯 "stockfleth" 110–1
奶泡 foam 43–4, 63–4, 79, 206
尼加拉瓜 Nicaragua 159
平刀 flat burr 93–4
永續性 sustainability 212
瓜地馬拉 Guatemala 113
生豆 green 109, 145
　　冷凍 freezing 98–101
　　儲存 storage 172–3
生產 producing 180
白咖啡 flat white 94

6劃
伊芙莉克咖啡 "ibrik coffee" 221
印尼 Indonesia 126–9
印度 India 124–6
吐杯 spittoon 205–6
多鍋爐 multi boiler 151–2
成熟 ripe 193
池田菊苗 Ikeda, Kikunae 223
老化 ageing 163, 164–5, 167, 172–3
艾倫・阿德勒 Adler, Alan 13–5
艾格壯數值（或焦糖化數值）Agtron scale 16
艾隆・戴維斯 Davis, Aaron 202
衣索比亞 Ethiopia 80–3
西蒙・阿拜 Abbay, Semeon 86

7劃
佈粉 grooming 110–13
冷凍 freezing 98–101, 217
冷萃 cold brew 59–60
即溶咖啡 instant coffee 129–30
君士坦丁堡 Constantinople 63
均勻 evenness 86
完全浸泡 full immersion 104
宏都拉斯 Honduras 118
沖煮 brewing：愛樂壓 Aeropress™ 13–15, 104, 179–80, 243
　　V60濾杯 V60 227

土耳其咖啡 Turkish coffee 221
多鍋爐 multi boiler 151–2
冷萃 cold brew 59–60
完全浸泡 full immersion 104
沖煮比例 brew ratio 36
豆子到杯子 bean to cup 24
咖啡X Coffee X 243
法式濾壓壺 French press 101–3
流速 flow rate 98
真空壺 vacuum pot 227–8
凱梅克斯 Chemex™ 55
無底把手萃取之濃縮 naked shot 155–6
萃取 extraction 86–7
溫度 temperature 213–4
裝備 gear 105
慢速沖煮 slow brew 201
摩卡壺 moka pot 149–51, 179–180
熱力學 thermodynamics 217
熱交換機 heat exchanger 117–8
膠囊 capsules 44–7
濃縮咖啡 espresso 79–80
壓力 pressure 179–80
攪拌 agitate 15
沖煮把手 portafilter 155, 179
沙沙・賽斯提克 Saša Šestić 47, 83, 113, 209
豆子 beans：密度床 density table 71
　　一爆 first crack 93
　　水洗處理法 washed process 235
　　生豆 green 109
　　果膠／黏膜 mucilage 151
　　奎克豆 quaker 183–4
　　乾燥 drying 156–9, 171–2, 186, 235
　　圓豆 peaberry 175
　　銀皮 silver skin 198–201
　　另見研磨；烘焙 see also grinding; roasting
豆子到杯子 bean to cup 24
豆袋 bags 164–5

8劃
使用重量的定量 gravimetrics 232
卓越杯 Cup of Excellence 64–5, 159, 194, 212
味覺 gustatory 114, 163–4, 223
咖啡36味聞香瓶 Le Nez du Café® 31, 140
咖啡X Coffee X 243
咖啡因 caffeine 41–3, 67, 205, 206–9, 210
咖啡店 coffee shops 63, 79, 84, 124, 218, 221, 224

咖啡果皮 cascara 48–51
咖啡油脂 crema 23, 63–4, 79, 179
咖啡花 blossom 31
咖啡師 barista 23, 146, 197–8, 239–40
咖啡期貨 C market 41, 89
咖啡農學 agronomy 15–16
咖啡種植 growing coffee：咖啡農學 agronomy 15–16
　　土壤 soil 201–2, 214
　　永續性 sustainability 212
　　咖啡花 blossom 31
　　風土 terroir 214
　　氣候變遷 climate change 56–9
　　海拔 altitude 18
　　採收 harvesting 103, 193
　　溫度 temperature 213–4
　　葉鏽病 leaf rust 140–2
咖啡館 coffee houses 84, 144
咖啡櫻桃 cherry 120, 126, 151, 156, 175, 186, 193, 198, 235
定量（容量）volumetrics 232
尚比亞 Zambia 247
帕卡瑪拉 Pacamara 169
拉花 latte art/ art, latte 139–40
拉霸機 lever machine 142
杯測 cupping 65
杯測師 Q Grader 183, 202
果膠／黏膜 mucilage 120, 126, 151, 235
法式咖啡壺 cafetières 101–3
法式濾壓壺 French press 28–31, 101–3, 104
波士頓茶葉事件 Boston Tea Party 32–5, 224
波旁 Bourbon 35, 169
牧童卡爾迪 Kaldi 135
肯亞 Kenya 135–6
芬蘭 Finland 159–61, 224
花 flowers 31
阿方索・比亞樂堤 Bialetti, Alfonso 149
阿拉比卡 Arabica 18–21, 43, 56–9, 80–3, 202–5, 228–31

9 劃

南韓 South Korea 202
品種 variety 228–31
　　卡斯提傑 Castillo 51–2
　　帕卡瑪拉 Pacamara 169
　　波旁 Bourbon 35, 169
　　藝伎 Geisha 105–6, 169–71
　　蘇丹汝媚 Sudan Rume 83, 209
　　鐵皮卡 Typica 222
　　另見種 see also species
品嚐 tasting：醇厚度 body 31–2
　　吐杯 spittoon 205–6
　　味覺 gustatory 114, 163–4, 223

杯測 cupping 65
風味調性 flavour notes 97
乾淨度 clean 56
揮發物質 volatiles 231–2
超級味覺者測試 super taster test 210–1
嗅覺 olfactory 163–4
感官科學 sensory science 197
鮮味 umami 223
奎克豆 quaker 183–4
拱形溫室乾燥 parabolic 172
查爾斯・史賓斯 Spence, Charles 139, 197
活塞式咖啡壺 plunger 101–3
流速 flow rate 98
玻利維亞 Bolivia 32
研磨 grinding 110
　　平刀 flat burr 93–4
　　流速 flow rate 98
　　滾輪式研磨機 roller grinder 193–4
美國 United States of America 224
風土 terroir 47–8, 201–2, 213–4, 214
風味調性 flavour notes 97
香氣 aroma：咖啡花 blossom 31
　　咖啡36味聞香瓶 Le Nez du Café® 140
　　杯測 cupping 65
　　乾香氣 dry aroma 75–6
　　揮發物質 volatiles 231–2

10 劃

倫敦勞依茲 Lloyd' s of London 144
剛果民主共和國 Democratic Republic of Congo/ Congo, Democratic Republic of 68–71
哥倫比亞 Colombia 60–3
哥斯大黎加 Costa Rica 63
夏威夷 Hawaii 117
拿鐵 latte 94–7
氣候變遷 climate change 56–9, 212
氧化 oxidation 167
海拔 altitude 18
烘焙 roasting：艾格壯數值（或焦糖化數值）Agtron scale 16
　　一爆 first crack 93
　　升溫速率 rate of rise 186–9
　　水 water 236
　　南韓 South Korea 202
　　配方調配 blending 27–8
　　梅納反應 Maillard reaction 145
　　發展 development 71–2
　　溫度 temperature 213–4
　　鼓式烘焙機 drum roaster 75
　　銀皮 silver skin 198–201
　　熱力學 thermodynamics 217

熱輻射 radiation 185
靜置 resting 189–90
真空壺 vacuum pot 227–8
神杯 God shot 106–9
秘魯 Peru 176
秤 scales, weighing/ weighing scales 239
粉量 dose 72, 161, 232, 245–6
茶 tea 32–5
逆滲透 reverse osmosis/ osmosis, reverse 190–1
配方調配 blending 27–8, 166
馬達加斯加 Madagascar 202

11 劃

乾香氣 dry aroma 75–6
乾淨度 clean 56
乾燥 drying：機械式 mechanical 145–6
　　日曬處理法 natural process 156–9
　　拱形溫室乾燥 parabolic 172
　　棚架 raised beds 186
　　溫度 temperature 213–4
乾餾 dry distillates 76
國際咖啡組織 International Coffee Organization (ICO) 130
培育種 cultivars
　　見品種 see variety
密度床 density table 71
崔蘇・羅斯格 Rothgeb, Trish 218
採收 harvesting 103, 193
旋轉填壓 nutate 161
梅納反應 Maillard reaction 145
產地 origin 166
第三波 third wave 84, 89, 124, 166, 218–21, 224
第三空間 third place 217–8
莎拉・安德森 Anderson, Sarah 83–4
通道效應 Channeling 52–5
陳年 vintages 101
雀巢 Nestlé 44–7
麥克・薛瑞丹 Sheridan, Michael 52
麥特・佩格 Perger, Matt 161

12 劃

傑夫・瓦茲 Watts, Geoff 83
凱梅克斯 Chemex™ 55
凱爾・菲茲 Freese, Kalle 130
創意咖啡 signature drinks 197–8
創新 invention 130–1
喬凡尼・阿基里・佳吉亞 Gaggia, Giovanni Achille 142
喬治・霍爾 Howell, George 64
單一產地 single origin 166
單向排氣閥 one-way valve/ valve,

249

one-way 164-6
悶蒸 bloom 28-31
提姆・溫德柏 Wendelboe, Tim 161
揮發物質 volatiles 231-2
期貨市場 futures market 41
棚架 raised beds 186
氮氣冷萃 nitro cold brew 59-60
無底把手萃取之濃縮 naked shot 155-6
發展 development 71-2
發酵 fermentation 47-8, 90, 235
萃取 extraction 86-7
萃取量 yield 245-6
費拉佛歐・伯勒姆 Borém, Flavio 156
超級味覺者測試 super taster test 210-1
越南 Vietnam 231
進口 importing 123-4

13 劃

嗅覺 olfactory/ smell, sense of 163-4
圓豆 peaberry 136, 175
填壓 tamping 161, 213
奧立佛床 Oliver table 71
愛樂壓 Aeropress™ 13-15, 104, 179-80, 243
感官科學 sensory science 197
新鮮度 freshness 189-90
溫度 temperature 213-4
瑕疵 defects 68
瑞典 Sweden 90, 161
當季豆 fresh crop 103, 172
義大利 Italy 131
葉門 Yemen 245
葉鏽病 leaf rust 59, 113, 140-2, 212
裝備 gear 105
路基・德・彭堤 De Ponti, Luigi 149
過季豆 past crop 172-3
過濾 filters：濾芯 cartridge 48
  V60濾杯 V60 227
  完全浸泡 full immersion 104
  沖煮把手 portafilter 179
  真空壺 vacuum pot 227-8
  逆滲透 reverse osmosis 190-1
  凱梅克斯 Chemex™ 55
雷・奧登伯格 Oldenburg, Ray 217
鼓式烘焙機 drum roaster 75

14 劃

慢速沖煮 slow brew 201
滾輪式研磨機 roller grinder 193-4
種 species 202-5
  阿拉比卡 Arabica 18-21, 80-3, 202-5

歐基尼奧伊德斯種 Eugenioides 83-4
  另見品種 see also variety
蒸奶 steaming 142, 206
蜜處理法 honey process 63, 120
酸質 acidity 13, 38-9, 176, 201-2, 210
酸鹼值 pH values 13, 38-9, 201-2
銀皮 silver skin 198-201

15 劃

墨西哥 Mexico 149
墨爾本 Melbourne 146
摩卡壺 moka pot 149-51, 179-180
摩卡種 Mocha 245
歐史代納・托勒夫森 Tøllefsen, Odd-Steinar 86
歐洲 Europe 84
歐基尼奧伊德斯種 Eugenioides 83-4
熱力學 thermodynamics 217
熱交換機 heat exchanger 117-8
熱輻射 radiation 185
緩衝 Buffer 38-9
膠囊 capsules 44-7
醇厚度 body 31-2

16 劃

機械式乾燥 mechanical drying 145-6
機器 machines 130-1
  沖煮把手 portafilter 179
  多鍋爐 multi boiler 151-2
  使用重量的定量 gravimetrics 232
  拉霸機 lever machine 142
  豆子到杯子 bean to cup 24
  熱交換機 heat exchanger 117-8
  濾杯 basket 23-4
澳洲 Australia 146, 206
濃度 strength 206-9
濃度計／折射計 refractometer 38, 86-7, 189
濃縮咖啡 espresso 79-80
  白咖啡 flat white 94
  多鍋爐 multi boiler 151-2
  沖煮把手 portafilter 179
  咖啡因 caffeine 41-3
  咖啡油脂 crema 63-4
  定量（容量） volumetrics 232
  拉霸機 lever machine 142
  流速 flow rate 98
  神杯 God shot 106-9
  無底把手萃取之濃縮 naked shot 155-6
  填壓 tamping 213
  義大利 Italy 131

濃度 strength 206
壓力 pressure 179-80
濾杯 basket 23-4
獨立咖啡館 independent coffee shops 124, 218-21
盧安達 Rwanda 194
糖 sugar 210
糖度 Brix 38
糖度 Brix 38
靜置 resting 189-90

17 劃

儲存 storage 98-101, 164-6, 167, 172-3, 214
壓力 pressure 179-80
磷酸 phosphoric acid 176
賽風 Syphon 227-8
鮮味 umami 223

18 劃

濾杯 basket 23-4, 179
  佈粉 grooming 110-13
  填壓 tamping 213
濾泡式 pour-over 104
濾芯 cartridge filter 48
濾紙 paper 55, 227
薩爾瓦多 El Salvador 77-9

19 劃

羅布斯塔 Robusta 19-21, 43, 83, 202-5, 228
羅德島設計學校 Rhode Island School of Design 243
藝伎 Geisha 105-6, 169-71

20 劃

蘇丹汝媚 Sudan Rume 83, 209
蘇西・史賓德勒 Spindler, Susie 64

21 劃

鐵皮卡 Typica 222
麝香貓咖啡 Kopi Luwak／"civet coffee" 136

23 劃

攪拌 agitate 15

英文索引

A

Abbay, Semeon 西蒙・阿拜 86
acidity 酸度 13, 38-9, 176, 201-2, 210
Adler, Alan 艾倫・阿德勒 13-5
Aeropress™ 愛樂壓 13-15, 104, 179-80, 243
ageing 老化 163, 164-5, 167, 172-3
agitate 攪拌 15
agronomy 咖啡農學 15-16
Agtron scale 艾格壯數值（或焦糖化數值）16
altitude 海拔 18
Anderson, Sarah 莎拉・安德森 83-4
Arabica 阿拉比卡 18-21, 43, 56-9, 80-3, 202-5, 228-31
aroma 香氣：blossom 咖啡花 31
　cupping 杯測 65
　dry aroma 乾香氣 75-6
　Le Nez du Café® 咖啡36味聞香瓶 140
　volatiles 揮發物質 231-2
art, latte 拉花 139-40
Australia 澳洲 146, 206

B

bags 豆袋 164-5
barista 咖啡師 23, 146, 197-8, 239-40
basket 濾杯 23-4, 179
　grooming 佈粉 110-13
　tamping 填壓 213
bean to cup 豆子到杯子 24
beans 豆子：density table 密度床 71
　drying 乾燥 156-9, 171-2, 186, 235
　first crack 一爆 93
　green 生豆 109
　mucilage 果膠／黏膜 151
　peaberry 圓豆 175
　quaker 奎克豆 183-4
　silver skin 銀皮 198-201
　washed process 水洗處理法 235
　see also grinding; roasting 另見研磨；烘焙
Bialetti, Alfonso 阿方索・比亞樂堤 149
blending 配方調配 27-8, 166
bloom 悶蒸 28-31
blossom 咖啡花 31
body 醇厚度 31-2

Bolivia 玻利維亞 32
Borém, Flavio 費拉佛歐・伯勒姆 156
Boston Tea Party 波士頓茶葉事件 32-5, 224
Bourbon 波旁 35, 169
Brazil 巴西 35-6
brewing 沖煮：Aeropress™ 愛樂壓 13-15, 104, 179-80, 243
　agitate 攪拌 15
　bean to cup 豆子到杯子 24
　brew ratio 沖煮比例 36
　capsules 膠囊 44-7
　Chemex™ 凱梅克斯 55
　Coffee X 咖啡X 243
　cold brew 冷萃 59-60
　espresso 濃縮咖啡 79-80
　extraction 萃取 86-7
　flow rate 流速 98
　French press 法式濾壓壺 101-3
　full immersion 完全浸泡 104
　gear 裝備 105
　heat exchanger 熱交換機 117-8
　moka pot 摩卡壺 149-51, 179-180
　multi boiler 多鍋爐 151-2
　naked shot 無底把手萃取之濃縮 155-6
　pressure 壓力 179-80
　slow brew 慢速沖煮 201
　temperature 溫度 213-4
　thermodynamics 熱力學 217
　Turkish coffee 土耳其咖啡 221
　V60 V60濾杯 227
　vacuum pot 真空壺 227-8
Brix 糖度 38
Buffer 緩衝 38-9
burr grinders 刀盤式磨豆機 93-4, 193-4

C

C market 咖啡期貨 41, 89
cafetières 法式咖啡壺 101-3
caffeine 咖啡因 41-3, 67, 205, 206-9, 210
cappuccino 卡布奇諾 43-4, 94-7
Capsules 膠囊 44-7
carbon dioxide 二氧化碳 28, 67, 164, 179, 190
carbonic maceration 二氧化碳浸漬法 47-8
cartridge filter 濾芯 48
cascara 咖啡果皮 48-51
Castillo 卡斯提優 51-2
Caturra 卡杜拉 32, 52, 171
Channeling 通道效應 52-5
Chemex™ 凱梅克斯 55

cherry 咖啡櫻桃 120, 126, 151, 156, 175, 186, 193, 198, 235
China 中國 55-6
clean 乾淨度 56
climate change 氣候變遷 56-9, 212
coffee houses 咖啡館 84, 144
coffee shops 咖啡店 63, 79, 84, 124, 218, 221, 224
Coffee X 咖啡X 243
cold brew 冷萃 59-60
Colombia 哥倫比亞 60-3
compounds 化合物 76
Congo, Democratic Republic of 剛果民主共和國 68-71
Constantinople 君士坦丁堡 63
Costa Rica 哥斯大黎加 63
crema 咖啡油脂 23, 63-4, 79, 179
cultivars 培育種
　see variety 見品種
Cup of Excellence 卓越杯 64-5, 159, 194, 212
cupping 杯測 65

D

Davis, Aaron 艾隆・戴維斯 202
De Ponti, Luigi 路基・德・彭堤 149
decaf 去咖啡因 41-3, 67
defects 瑕疵 68
Democratic Republic of Congo 剛果民主共和國 68-71
density table 密度床 71
development 發展 71-2
dose 粉量 72, 161, 232, 245-6
drum roaster 鼓式烘焙機 75
dry aroma 乾香氣 75-6
dry distillates 乾餾 76
drying 乾燥：mechanical 機械式 145-6
　natural process 日曬處理法 156-9
　parabolic 拱形溫室乾燥 172
　raised beds 棚架 186
　temperature 溫度 213-4

E

Ecuador 厄瓜多 77
El Salvador 薩爾瓦多 77-9
espresso 濃縮咖啡 79-80
　basket 濾杯 23-4
　caffeine 咖啡因 41-3
　crema 咖啡油脂 63-4
　flat white 白咖啡 94
　flow rate 流速 98
　God shot 神杯 106-7
　Italy 義大利 131
　lever machine 拉霸機 142
　multi boiler 多鍋爐 151-2

naked shot 無底把手萃取之濃縮 155-6
portafilter 沖煮把手 179
pressure 壓力 179-80
strength 濃度 206
tamping 填壓 213
volumetrics 定量（容量）232
Ethiopia 衣索比亞 80-3
Eugenioides 歐基尼奧伊德斯種 83-4
Europe 歐洲 84
evenness 均勻 86
extraction 萃取 86-7

F

Fairtrade 公平交易 89, 176, 212
fermentation 發酵 47-8, 90, 235
fika 下午茶 90, 159-61
filters 過濾：cartridge 濾芯 48
　　Chemex™ 凱梅克斯 55
　　full immersion 完全浸泡 104
　　portafilter 沖煮把手 179
　　reverse osmosis 逆滲透 190-1
　　V60 V60濾杯 227
　　vacuum pot 真空壺 227-8
Finland 芬蘭 159-61, 224
first crack 一爆 93
flat burr 平刀 93-4
flat white 白咖啡 94
flavour notes 風味調性 97
flow rate 流速 98
flowers 花 31
foam 奶泡 43-4, 63-4, 79, 206
Freese, Kalle 凱爾‧菲茲 130
freezing 冷凍 98-101, 217
French press 法式濾壓壺 28-31, 101-3, 104
fresh crop 當季豆 103, 172
freshness 新鮮度 189-90
full immersion 完全浸泡 104
futures market 期貨市場 41

G

Gaggia, Giovanni Achille 喬凡尼‧阿基里‧佳吉亞 142
gear 裝備 105
Geisha 藝妓 105-6, 169-71
God shot 神杯 106-9
gravimetrics 使用重量的定量 232
green 生豆 109, 145
　　freezing 冷凍 98-101
　　storage 儲存 172-3
grinding 研磨 110
　　flat burr 平刀 93-4
　　flow rate 流速 98
　　roller grinder 滾輪式研磨機 193-4

grooming 佈粉 110-13
growing coffee 咖啡種植：agronomy 咖啡農學 15-16
　　altitude 海拔 18
　　blossom 咖啡花 31
　　climate change 氣候變遷 56-9
　　harvesting 採收 103, 193
　　leaf rust 葉鏽病 140-2
　　soil 土壤 201-2, 214
　　sustainability 永續性 212
　　temperature 溫度 213-4
　　terroir 風土 214
Guatemala 瓜地馬拉 113
gustatory 味覺 114, 163-4, 223

H

harvesting 採收 103, 193
Hawaii 夏威夷 117
heat exchanger 熱交換機 117-8
Honduras 宏都拉斯 118
honey process 蜜處理法 63, 120
Howell, George 喬治‧霍爾 64

I

"ibrik coffee" 伊芙莉克咖啡 221
Ikeda, Kikunae 池田菊苗 223
importing 進口 123-4
independent coffee shops 獨立咖啡館 124, 218-21
India 印度 124-6
Indonesia 印尼 126-9
instant coffee 即溶咖啡 129-30
International Coffee Organization (ICO) 國際咖啡組織 130
invention 創新 130-1
Italy 義大利 131

J

Jamaican Blue Mountain 牙買加藍山 133
Japan 日本 133

K

Kaldi 牧童卡爾迪 135
Kenya 肯亞 135-6
Kopi Luwak /"civet coffee" 麝香貓咖啡 136

L

latte art 拉花 139-40
latte 拿鐵 94-7
Le Nez du Café® 咖啡36味聞香瓶 31, 140
leaf rust 葉鏽病 59, 113, 140-2, 212
lever machine 拉霸機 142

Lloyd's of London 倫敦勞依茲 144

M

machines 機器 130-1
　　basket 濾杯 23-4
　　bean to cup 豆子到杯子 24
　　gravimetrics 使用重量的定量 232
　　heat exchanger 熱交換機 117-8
　　lever machine 拉霸機 142
　　multi boiler 多鍋爐 151-2
　　portafilter 沖煮把手 179
Madagascar 馬達加斯加 202
Maillard reaction 梅納反應 145
Marisande, Camilio 卡密里歐‧馬力尚德 47, 83
mechanical drying 機械式乾燥 145-6
Melbourne 墨爾本 146
Mexico 墨西哥 149
milk 牛奶：cappuccino 卡布奇諾 43-4
　　flat white 白咖啡 94
　　latte art 拉花 139-40
　　steaming 蒸奶 206
Mocha 摩卡種 245
moka pot 摩卡壺 149-51, 179-180
mucilage 果膠／黏膜 120, 126, 151, 235
multi boiler 多鍋爐 151-2

N

naked shot 無底把手萃取之濃縮 155-6
natural process 日曬處理法 156-9
Nestlé 雀巢 44-7
Nicaragua 尼加拉瓜 159
nitro cold brew 氮氣冷萃 59-60
Nordic 北歐 159-61
nutate 旋轉填壓 161

O

Old Brown Java 爪哇老布朗 163
Oldenburg, Ray 雷‧奧登伯格 217
olfactory 嗅覺 163-4
Oliver table 奧立佛床 71
one-way valve 單向排氣閥 164-6
origin 產地 166
osmosis, reverse 逆滲透 190-1
oxidation 氧化 167

P

Pacamara 帕卡瑪拉 169
packaging 包裝 164-5, 231
Panama 巴拿馬 169-71
paper 濾紙 55, 227

Papua New Guinea 巴布亞新幾內亞 171
parabolic 拱形溫室乾燥 172
past crop 過季豆 172-3
peaberry 圓豆 136, 175
Perger, Matt 麥特・佩格 161
Peru 秘魯 176
pH values 酸鹼值 13, 38-9, 201-2
phosphoric acid 磷酸 176
plunger 活塞式咖啡壺 101-3
portafilter 沖煮把手 155, 179
pour-over 濾泡式 104
pressure 壓力 179-80
producing 生產 180

Q
Q Grader 杯測師 183, 202
quaker 奎克豆 183-4

R
radiation 熱輻射 185
raised beds 棚架 186
Rao, Scott 史考特・勞 186
rate of rise 升溫速率 186-9
refractometer 濃度計／折射計 38, 86-7, 189
resting 靜置 189-90
reverse osmosis 逆滲透 190-1
Rhode Island School of Design 羅德島設計學校 243
ripe 成熟 193
roasting 烘焙：Agtron scale 艾格壯數值（或焦糖化數值） 16
    blending 配方調配 27-8
    development 發展 71-2
    drum roaster 鼓式烘焙機 75
    first crack 一爆 93
    Maillard reaction 梅納反應 145
    radiation 熱輻射 185
    rate of rise 升溫速率 186-9
    resting 靜置 189-90
    silver skin 銀皮 198-201
    South Korea 南韓 202
    temperature 溫度 213-4
    thermodynamics 熱力學 217
    water 水 236
Robusta 羅布斯塔 19-21, 43, 83, 202-5, 228
roller grinder 滾輪式研磨機 193-4
Rothgeb, Trish 崔蘇・羅斯格 218
Rwanda 盧安達 194

S
Saša Šestić 沙沙・賽斯提克 47, 83, 113, 209
scales, weighing 秤 239
sensory science 感官科學 197

Sheridan, Michael 麥克・薛瑞丹 52
signature drinks 創意咖啡 197-8
silver skin 銀皮 198-201
single origin 單一產地 166
slow brew 慢速沖煮 201
smell, sense of 嗅覺 163-4
soil 土壤 201-2, 214
South Korea 南韓 202
species 種 202-5
    Arabica 阿拉比卡 18-21, 80-3, 202-5
    Eugenioides 歐基尼奧伊德斯種 83-4
    see also variety 另見品種
Spence, Charles 查爾斯・史賓斯 139, 197
Spindler, Susie 蘇西・史賓德勒 64
spittoon 吐杯 205-6
steaming 蒸奶 142, 206
"stockfleth" 史塔克費來斯 110-1
storage 儲存 98-101, 164-6, 167, 172-3, 214
Strand, David 大衛・史傳格 129
strength 濃度 206-9
Sudan Rume 蘇丹汝媚 83, 209
sugar 糖 210
    Brix 糖度 38
super taster test 超級味覺者測試 210-1
sustainability 永續性 212
Sweden 瑞典 90, 161
Syphon 賽風 227-8

T
tamping 填壓 161, 213
tasting 品嚐：body 醇厚度 31-2
    clean 乾淨度 56
    cupping 杯測 65
    flavour notes 風味調性 97
    gustatory 味覺 114, 163-4, 223
    olfactory 嗅覺 163-4
    sensory science 感官科學 197
    spittoon 吐杯 205-6
    super taster test 超級味覺者測試 210-1
    umami 鮮味 223
    volatiles 揮發物質 231-2
tea 茶 32-5
temperature 溫度 213-4
terroir 風土 47-8, 201-2, 213-4, 214
thermodynamics 熱力學 217
third place 第三空間 217-8
third wave 第三波 84, 89, 124, 166, 218-21, 224
Tøllefsen, Odd-Steinar 歐史代納・托勒夫森 86

Turkish coffee 土耳其咖啡 221
Typica 鐵皮卡 222

U
umami 鮮味 223
United States of America 美國 224

V
V60 V60濾杯 227
vacuum pot 真空壺 227-8
valve, one-way 單向排氣閥 164-6
variety 品種 228-31
    Bourbon 波旁 35, 169
    Castillo 卡斯堤優 51-2
    Geisha 藝伎 105-6, 169-71
    Pacamara 帕卡瑪拉 169
    Sudan Rume 蘇丹汝媚 83, 209
    Typica 鐵皮卡 222
    see also species 另見種
Vietnam 越南 231
vintages 陳年 101
volatiles 揮發物質 231-2
volumetrics 定量（容量） 232

W
washed process 水洗處理法 235
water 水 236
    buffer 緩衝 38-9
    channelling 通道效應 52-5
    flow rate 流速 98
    full immersion 完全浸泡 104
    multi boiler 多鍋爐 151-2
    natural process 日曬處理法 156-9
    pressure 壓力 179-80
    reverse osmosis 逆滲透 190-1
    tamping 填壓 213
    vacuum pot 真空壺 227-8
    volumetrics 定量（容量） 232
    washed process 水洗處理法 235
Watts, Geoff 傑夫・瓦茲 83
weighing scales 秤 239
Wendelboe, Tim 提姆・溫德柏 161
World Barista Championship 世界盃咖啡大師賽 239-40, 247

Y
Yemen 葉門 245
yield 萃取量 245-6

Z
Zambia 尚比亞 247

Acknowledgements 謝辭

我要謝謝：我的太太萊絲莉（Lesley），她是我遇過最棒、最支持我、直覺最準的人；我的父母傑弗瑞（Geoffrey）、薇樂瑞（Valerie），謝謝他們教導我許多，永遠鼓勵我追求自己喜愛的事情；我的兄弟詹姆士（James）和里歐（Leo）；我所有家人；崔維斯·萊利（Travis Riley），謝謝他編輯這本書、不斷地和我討論許多想法；山謬·高史密斯（Samuel Goldsmith），謝謝他對我嘮嘮叨叨要我寫作；克里斯托弗·H·漢登（Christopher H. Hendon），他是我面對所有科學事宜時大量共事的合作夥伴；諾曼·梅爾（Norman Mazel），給我主要索引的建議；麥克·甘威爾（Mike Gamwell）、貝斯妮·亞歷山大（Bethany Alexander）、沙沙·塞提克（Saša Šestić）、朴商昊（Sang Ho Park）、井崎英典（Hidenori Izaki）、馬提歐·帕佛尼（Matteo Pavoni）、班（Ben）、歐利（Olli）、道格（Doug）、查理·康敏（Charlie Cumming）——我最棒的同事、員工們，沒有他們，我們的任何咖啡探險都不可能成真；我們的客人們

——所有參與我們旅途的，各行各業的人們；喬‧寇丁頓（Joe Cottington）、娜塔麗‧布萊德利（Natalie Bradley）、強納森‧克里斯提（Jonathan Christie）、艾莉森‧工薩夫斯（Allison Gonsalves）、章魚出版社（Octopus Publishing）每一位同仁；以及湯姆‧傑（Tom Jay）的插圖；最後，全球咖啡社群裡的每一個人，謝謝他們的能量、熱情、慷慨、努力、教導和參與——能參與其中是件很棒的事情。

VV0083

咖啡字典 A-Z
冠軍咖啡師寫給品飲者的 250 個關鍵字

原書名	THE COFFEE DICTIONARY
作者	麥斯威爾 科隆納-戴許伍德 (MAXWELL COLONNA-DASHWOOD)
譯者	盧嘉琦
總編輯	王秀婷
責任編輯	張成慧
版權	向艷宇
行銷業務	黃明雪
發行人	涂玉雲
出版	積木文化
	104 台北市民生東路二段 141 號 5 樓
	電話：(02) 2500-7696｜傳真：(02) 2500-1953
	官方部落格：www.cubepress.com.tw
	讀者服務信箱：service_cube@hmg.com.tw
發行	英屬蓋曼群島商家庭傳媒股份有限公司城邦分公司
	台北市民生東路二段 141 號 11 樓
	讀者服務專線：(02) 25007718-9｜24 小時傳真專線：(02) 25001990-1
	服務時間：週一至週五 09:30-12:00、13:30-17:00
	郵撥：19863813｜戶名：書蟲股份有限公司
	網站：城邦讀書花園｜網址：www.cite.com.tw
香港發行所	城邦（香港）出版集團有限公司
	香港灣仔駱克道 193 號東超商業中心 1 樓
	電話：+852-25086231｜傳真：+852-25789337
	電子信箱：hkcite@biznetvigator.com
馬新發行所	城邦（馬新）出版集團 Cite (M) Sdn Bhd 41, Jalan Radin Anum, Bandar Baru Sri Petaling, 57000 Kuala Lumpur, Malaysia.
	電話：(603) 90578822｜傳真：(603) 90576622
	電子信箱：HYPERLINK "mailto:cite@cite.com.my" cite@cite.com.my
美術設計	郭家振
製版印刷	上晴彩色印刷製版有限公司

2019 年 3 月 14 日 初版一刷　　　Printed in Taiwan.
2021 年 10 月 19 日 初版二刷
售價　　　550 元
ISBN　　　978-986-459-163-3
版權所有・翻印必究

國家圖書館出版品預行編目 (CIP) 資料

咖啡字典 A-Z：冠軍咖啡師寫給品飲者的 250 個關鍵字 / 麥斯威爾 科隆納-戴許伍德 (MAXWELL COLONNA-DASHWOOD) 著；盧嘉琦譯. -- 初版. -- 臺北市：積木文化出版：家庭傳媒城邦分公司發行, 2019.03
256 面；21×15 公分
譯自：THE COFFEE DICTIONARY
ISBN 978-986-459-163-3（平裝）

1. 咖啡

427.42　　　　　　　　　　107020573